U0332238

imaginist

imaginist

理
想
国

图书在版编目(CIP)数据

口袋里的进化论：从自然之谜到基因未来 / (法)
让 - 巴普蒂斯特·德·帕纳菲厄著；刘昱，王龙丹，邢路
达译 . -- 太原：山西教育出版社，2022.4

ISBN 978-7-5703-2139-1

Ⅰ.①口… Ⅱ.①让… ②刘… ③王… ④邢… Ⅲ.
①进化论—普及读物 Ⅳ.① Q111-49

中国版本图书馆 CIP 数据核字 (2021) 第 267828 号

口袋里的进化论：从自然之谜到基因未来

[法] 让-巴普蒂斯特·德·帕纳菲厄/著

刘　昱　王龙丹　邢路达/译

出版人	李　飞	
责任编辑	朱　旭	
特约编辑	王　微	
复　　审	姚吉祥	
终　　审	李梦燕	
装帧设计	赤　祥	
出版发行	山西出版传媒集团·山西教育出版社	
	(地址：太原市水西门街馒头巷7号　电话：0351-4729801　邮编：030002)	
印　　刷	山东新华印务有限公司	
开　　本	787 mm × 1092 mm　32开	
印　　张	7.25	
字　　数	80千	
版　　次	2022年4月第1版　2022年4月第1次印刷	
书　　号	ISBN 978-7-5703-2139-1	
定　　价	58.00元	

如有印装质量问题，影响阅读，请与印刷厂联系调换。电话：0534-2671218。

口袋里的
进化论

从自然之谜到基因未来

Jean-Baptiste de Panafieu

［法］让-巴普蒂斯特·德·帕纳菲厄 著

刘 昱 王龙丹 郝路达 译

山西出版传媒集团 山西教育出版社

目　录

Prologue

前　　言

　　我们不知多少次发出过或听到过这样的感叹——"大自然真美妙！"话语中饱含着对大自然的感激。自然如同所有生命的母亲，充满巧合和神奇，给予了地球上万物生灵太多的恩赐，也让我们满含对这种舒适安排的喜悦。这个世界有空气供我们呼吸，有水供我们解渴，有其他动植物供我们果腹，有各式各样的奇观异景供我们欣赏（当然是在人类大肆破坏自然之前）。大自然如此秩序井然，让我们身处其中，怡然自得。

　　然而，不幸的是，在约一个半世纪之前，人类对大自然的这种天真原始的满足感，与现实世界的真相逐渐背离。更准确地说，是从1859年，英国博物学家查尔斯·达尔文发表《物种起源》的那一刻开始。与我们通常的认识不同，达尔文对当时生物学研究的最大贡献并不是物种进化的思想——尽管这一思想在当时已经引起了少数有识之士的关注，而是他的著作摧毁了大自然在我们心中的美好形象——慷慨、富有远见以及满足我们的一切需求。在达尔文的著作中，许多读者看到了一个全然不同的、"晦暗"的大自然，它既没有任何目的，也没有任何计划。更糟糕的是，达尔文彻底改写了人类在自然界中的地位。我们再也不是造物者的掌上明珠，并未凌驾于其他物种之上，起源故事也没什么不同，因为，所有的生命都有一个共同的祖先。

达尔文所揭示的这一事实，直到今天依然让许多人难以接受——他们的内心笃信创世神话和幻想世界，一切都是上帝的巧手不断插手干预的结果。但是，对那些愿意深入了解大自然、更好地欣赏其中之妙的人来说，达尔文的进化论既为我们带来了破译自然奥秘（至少是一部分奥秘）的乐趣，也为我们探索自己的过去准备了新的工具。

　　时至今日，达尔文的理论不但没有过时、腐朽，反而变得更加生机勃勃，遗传学、分子生物学、发育生物学和行为生态学等领域的发展极大地丰富了其内容，并且它成了从古生物学到动物学、植物学甚至医学等生命科学领域的一切研究的基本框架。

1

Le voyage initiatique du jeune Darwin*

一

乘风破浪的青年

在青年达尔文随"贝格尔号"军舰进行环球航行期间，他对自己此前关于生命起源的全部认识产生了深深的怀疑。而这一颠覆性的思考，最终促使达尔文出版了他的不朽巨著——《物种起源》。

Le voyage initiatique du jeune Darwin

在人们的印象里，达尔文是一位留着长长白须的可敬长者，就像他晚年的照片上那样。但其实，进化论的孕育发生在达尔文的青年时代，也就是随"贝格尔号"军舰进行环球航行期间。这次航行始于达尔文22岁那年，止于他27岁时归国，但他直到50岁才发表了最出名的著作《物种起源》。达尔文并不相信年岁的增长会带来什么益处，正如他在自传里吐露的那样："如果科学家能在60岁死去，那会是一件多么美好的事啊！因为过了这个年纪，他们一定会反对眼前的一切新理论。"

🦀 博物学家的环球之旅

1831年12月27日，"贝格尔号"离开了普利茅斯港，驶向南美洲。在这艘长30米的三桅杆军舰上，共

1854年的查尔斯·达尔文，时年45岁

Le voyage initiatique
du jeune Darwin

有64名船员听命于舰长罗伯特·费茨罗伊。这位年轻的舰长此次出航时还不满26岁，但已经是第二次执行远航任务了。上一次还是他受英国海军司令部指派，率舰绘制巴塔哥尼亚海岸线的地图。这次考察的目的是画出在英国舰队遭遇损坏或风暴时可避难的安全区域。

几个月前，罗伯特·费茨罗伊请他的朋友帮忙找一位精通地质学且对旅行感兴趣的博物学家随行。那时的英国探险军舰要负责采集海外的动植物标本，然后寄给英国国内的大学供其研究和收藏。植物学家约翰·亨斯洛恰好有个高年级的学生十分适合，便把他推荐给了舰长——这就是年轻的查尔斯·达尔文。达尔文当时刚刚结束大学课程，正等着被任命去某教区担任一论教会（英国教会的分支）的牧师。

查尔斯·达尔文当时不到23岁。在学习了几年医学后，他的兴趣开始转向植物学和地质学。这个小伙子随后开始攻读神学，希望以后能做一名神职人员。但其实，他心底真正的打算是利用教区活动的空闲时间来投入自己的爱好——博物学。对达尔文来说，这门学问其实是有家族渊源的。他的祖父伊拉斯谟·达尔文是一名医生，但也留下了不少动植物方面的著作。在1794年出版的《动物学》一书中，伊拉斯谟·达尔文阐述了他对人类出现之前的数百万年里物种变化的看法。他的孙子从未见过他，却饶有兴趣地阅读了他的作品。

　　"贝格尔号"的航程原定两年，后来又延长3年，共计5年。这艘船环游了世界，途经南美洲最南端的合恩角、澳大利亚以及非洲好望角，最后返回出发港。一路上，达尔文利用所有能让他避免晕船的中途停留，下船探索了许多自然环境，从亚马孙雨林到巴塔哥尼亚平原，从加拉帕戈斯岛的炽热火山岩到珊瑚环礁。这

Le voyage initiatique
du jeune Darwin

停靠在巴塔哥尼亚的"贝格尔号"

种对所生活世界的伟大多样性的沉浸探索，逼迫他重新审视在学校里学到的教条。在缺乏独立思考的情况下，他过去从未质疑过大多数教师和整个爱尔兰社会所认可的创世论观点。根据经典中的文字，世间所有的物种，无论动植物，都是上帝在创世的前6天里创造的，就像人类一样。这一事实从那时起就从未改变。

达尔文随身携带了一本查尔斯·莱尔（1797—1875）的《地质学原理》。莱尔尝试用现代理论来解释地球的地貌和运动。他反对把地质运动解释为"灾变"的说法——突发的洪水、灾难性的火山爆发，在当时经常被认为是某些物种灭绝和地球主要地貌形成的直接原因。根据莱尔的说法，最高山脉的隆起或沉积物堆积在数千米厚的地层中，都是一系列缓慢渐进的结果。我们必须以数百万年为单位来思考地球的历史，而远不止神话记载的短短6000年。莱尔也不相信那些化石

Le voyage initiatique
du jeune Darwin

是被神话中的大洪水吞没的动物遗骸。

在巴塔哥尼亚探险期间，达尔文发现了一些巨型动物的骨骼化石，包括雕齿兽（glyptodonts）和大地獭（megatherium）。尽管体形庞大，但这些已灭绝的物种在解剖学上与现存动物（比如犰狳和树懒）有一些相似之处。这位年轻的博物学家十分惊讶：这些化石动物和现存动物，在地理分布上竟然如此接近。虽然还不知道它们在世界其他地区情况如何，但是一旦我们承认物种会随着时间推移而发生变化，这就会让人想起一种亲缘关系……达尔文在安第斯山脉的旅行，也促使他采信了莱尔关于地质现象持续演变的观点。望向南美大陆壮阔的美景，他意识到山脉的形成和侵蚀需要千百万年，甚至上亿年的岁月。

在离厄瓜多尔海岸不远的加拉帕戈斯群岛，达尔文突然发现了另一个诡异之处——每个岛似乎都有独

犰狳 (a) 与雕齿兽 (b) 在解剖学上十分相似

Le voyage initiatique
du jeune Darwin

一无二的物种。岛上的动物种群数量十分贫乏，这在离大陆500英里的火山岛上并不奇怪，因为动物几乎无法横跨大洋。然而，这些岛上存在巨大的海龟和几种鸟类。这种海龟与南美洲查科的海龟有着直接的亲缘关系，说明它已经能游过大洋了！海龟擅长游泳，并且能在很长一段时间内不吃不喝，借助洋流朝着正确的方向前进。至于那些鸟儿，它们可能是被暴风雨卷走的"鸟夫妻"的后代。

但是，为什么这个数量有限的动物群会包含大约15种在地理上

> 很明显，这些事实……只能用一种假设来解释：物种是在逐渐变化的。
> ——查尔斯·达尔文，1876年

非常接近的"麻雀"（其实是地雀属）、3种嘲鸫和3种海龟呢？达尔文惊讶地写道："比如说，如果一个岛上有一只知更鸟，另一个岛上有一种完全不同属的鸟，那么这个群岛上生物的分布才是正常的；或者一个岛有一个蜥蜴属，而另一个岛有一个单独的蜥蜴属，或者根

本没有蜥蜴。"我们只能想象这些相似的物种来自同一个祖先，这才是合理的解释。但年轻的达尔文还没有具备设想这种进化所必需的知识，这导致他并没有小心翼翼、准确地记录每一个物种的地理来源。

🐚 理论的发展

1836年回到英国后，达尔文着手起草和出版他涉及地质学、动物学和植物学的观察报告。从1838年到1846年，这项大工程占据了他的大部分业余时间。他的研究报告《贝格尔之旅》于1839年正式发表，并且在社会上获得了巨大反响（但直到1875年才被翻译成法语，书名为《博物学家的世界之旅》）。同样，他在1842年出版的《珊瑚礁的构造和分布》一书也广受好评。与此大约同一时期，1839年，他与他的表姐艾

Le voyage initiatique
du jeune Darwin

玛·韦奇伍德结婚。他们搬进了伦敦北部唐恩的一座
宅子里，在那里生育抚养了 10 个子女。

早在 1837 年，达尔文就开始在一本名为《物种的
嬗变》的笔记中记录下他的想法。在这本笔记中，他思
考了物种可能发生的转变，这可能恰好能解释他在旅
途中的观察。这本笔记记录了关于动植物"变异"的
信息，即在同一物种内可以观察到的物种多样性。他
不再出门旅行，而是与世界各地的饲养员、园艺家和博
物学家频繁通信。1838 年，他读了 40 年前出版的托马
斯·马尔萨斯的《人口原理》。这位经济学家认为，人
口的增长速度远远快于现有资源特别是粮食资源的生
产速度。他进一步认为，这正是经常蹂躏文明的饥荒
和战争的根源。他把这种社会现象比作自然界中发生
的事情：在自然界中，植物由于缺乏水和空间，不能无
限制地生长，动物的数量也受到食物存量的限制。

1837年，达尔文首次描绘了一棵"树"，从一个祖先的物种演变出几个物种。
出自《物种的嬗变》笔记第1版

**Le voyage initiatique
du jeune Darwin**

1844 年，达尔文写完了他的研究文章的初稿，但在成功验证自己的理论之前，他并不打算发表一个字。他知道他即将遭到激烈的批评，既有来自科学界的，也有来自宗教界的。1846 年，他对他在美国海岸边发现的藤壶产生了兴趣。这些小动物长期以来一直被水手们误认为是贝类，所以被归入甲壳类，因为它们的幼虫与螃蟹或虾非常相似。也许是为了巩固自己作为动物学家的地位，也为了完成在动物分类学领域的训练，接下来，达尔文花了 8 年时间专心研究这些藤壶。1854 年，他关于藤壶的四卷本专著终于出版了，他对他的表弟威廉·达尔文·福克斯坦白道："没人比我更痛恨这些小动物了！"然而，正是它们给了达尔文一个机会，让他能仔细研究一个变异领域中的重要例子——繁殖。在近缘物种中，他可以观察到雌雄同体的繁殖，还观察到两性繁殖。他还得出结论："没有哪两个生物个体是

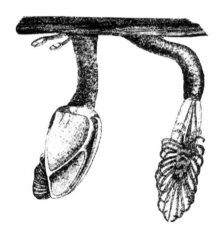

达尔文手绘的藤壶

**Le voyage initiatique
du jeune Darwin**

完全一致的"，包括简单的低级动物。

🐚《物种起源》的出版

与此同时，达尔文继续写他关于物种起源的文章。他经常和他的亲友讨论这个问题，比如植物学家约瑟夫·胡克和查尔斯·莱尔，他自从回国后就和他们成了朋友。1858 年 6 月，他收到了阿尔弗雷德·拉塞尔·华莱士的一封信，这是一个年轻的民族主义者，已经和他有书信往来，当时在东南亚的群岛旅行考察。华莱士询问了达尔文对自己即将发表的文章草稿的意见。读到这篇文章的达尔文大吃一惊：华莱士在东南亚也开创了关于物种内部选择的想法，这与他自己的研究几乎一模一样！他的朋友们敦促他把自己的手稿摘要和华莱士的手稿一道公之于众。这两篇文章后来都出现在伦敦林奈学会的报告中，但没有引起太多注意。达尔文急忙完成了他的文章，而这只是他打算出版的作品的摘要罢了。《物种起源》一书于1859年11月在英国各书店发行，这是在"贝格尔号"归国后的第23年。

什么是"物种"？

奇怪的是，尽管达尔文的书名叫《物种起源》，但他没打算定义"物种"的概念。在他那个时代，物种一词代表了所有能相互繁殖或产生后代的个体。然而，这个简单的定义存在许多局限性。

首先，不同物种往往是无法核实的，因为动物或植物根本拒绝在人工环境下繁殖，而且是出于各自特定身份以外的原因。最重要的是，物种是因地区而异的，甚至在同一地区也有不同的变种。这些变种的特

Le voyage initiatique
du jeune Darwin

性，尤其是它们与物种的关系，引起了人们无数的争论，让它们的定义更加扑朔迷离。其实，达尔文的理论正是基于这些变种的存在而阐发的。

创造论认为，现在所有动物的祖先是同一个物种。但如果这一物种随着时间的推移而进化，后代越来越多，导致我们必须把这个祖先看成一个特殊的物种，那么祖先物种和后代物种之间的界限到底在哪儿？祖先和后代通过族谱联系在一起，但彼此又有区别。因此，达尔文的研究将使物种的概念彻底失效，至少在漫长的进化过程中看是这样。不过在短时期内，物种的定义仍然是有用的，尽管它有时会给我们制造现实中的麻烦（例如，在动物保护中，一说到保护猩猩，我们到底是要保护婆罗洲和苏门答腊岛的两种猩猩，还是只要保护一种猩猩？）。

后来，达尔文又出版了几本书，阐述了他在《物种起源》中无法详细展开的观点：植物的运动，驯化对动植物的影响，兰花的繁殖，动物情感的表达……以及人类的起源。

他知道他所提出的关于动物起源的假设，可以适用于人类本身，但他可能更愿意稍后再讨论这个对他那个时代的英国社会而言极度敏感的问题。然而，他在结论中指出："在遥远的未来，我看到了更广阔的研究领域。心理学将建立在一个新的基础之上，即必须逐步掌握人全部的心理能力和身体能力。一切关于人类起源和历史的信息，都将被揭示出来。""遥远的未来"其实并没有那么遥远，因为他在1871年就出版了《人类的由来及性选择》。

另一个达尔文

达尔文提出的思想并不是凭空产生的，因为"变化假说"已经被欧洲博物学家争论了半个多世纪。甚至"自然选择"的概念也很流行，至少对研究员来说是这样。阿尔弗雷德·拉塞尔·华莱士的出身比查尔斯·达尔文更平凡，他在1854年到1862年游历了亚马孙河和马来群岛，采集了大量动物标本。他也已经意识到了物种变化的思想，也读过马尔萨斯的文章。当他发现每一代繁殖都有大量的动物消失时，他问自己："为什么有些动物活着，而另一些却死了？"虽然他没有使用与达尔文相同的术语，但他得出了相同的结论。他非常感谢他的前辈同时出版了这两本书。

回到英国后，他结识了莱尔，继续从事生物地理学和生态学的工作，并发展了一些进化论的观点，如动物的颜色差异。他出版了许多著作，包括《自然选择理论》（1870）和《人在宇宙中的地位》（1903），贡献卓著。终其一生，他都是达尔文思想的坚定捍卫者，但最后被唯灵论吸引，无法将人类纳入动物进化的进程。他认为，自然选择并不能解释人类精神的诞生。

达尔文的最后一本书出版于1881年，主题是"蚯蚓在地表土壤形成中的作用"。在今天，达尔文是作为进化论之父而为人熟悉的，但更重要的一点是，他还是一位野外博物学家，非常熟悉英国的动植物，并表现出深刻的生态敏感度（尽管这个词在他那会儿还不存在）。在他眼里，蚯蚓是我们人类世界的重要成员："我们有理由怀疑，还有许多其他动物像蚯蚓这种组织能力低下的动物一样，在人类历史上发挥了重要作用。"

查尔斯·达尔文于1882年4月19日在唐恩的病房

Le voyage initiatique du jeune Darwin

达尔文对蚯蚓的质疑（这幅漫画发表在1881年的《笨趣》杂志上）

中溘然长逝。他的许多朋友请求把他安葬在英国的先贤祠威斯敏斯特大教堂，就像155年前的艾萨克·牛顿一样，当时，一大群崇拜者和社会名人一起护送灵柩前往他的墓地。

2

Une sélection bien naturelle

一

自然的选择

达尔文进化论建立在生物多样性的事实和自然
选择理论的基础之上。在19世纪,达尔文的
观点令社会一片哗然,但也使许多博物学者为
之疯狂。

达尔文论述的第一个因素是现存动植物的丰富性，现在我们叫它"生物多样性"。为什么世界上有如此多千奇百怪的物种？为什么不同大陆上的物种外形会有所不同？为什么两座临近岛屿上的物种会不一样？经过多年的思索，他得出两个基本观点：一是物种会随时间发生进化，改变形态和行为，并产生新的物种；二是有一种推动这些转变的机制，他称之为"自然选择"机制。

🦀 繁殖、变异与选择

达尔文在观察同一物种中的动物时，发现它们各不相同。他首先推翻了传统思想，肯定这种"变异"是常态，而非反常。在19世纪，多数博物学者仍认为，每个物种都有其"定式"，即"完美模型"，虽然许多物种的个体并不符合这些定式。达尔文认为，个体之间近乎无穷的差异乃是生命的基本特征。而且，这些变异可以遗传下去，至少是部分如此。

达尔文提出的第二项因素是繁殖。一对配偶的所有后代显然不能全部生存和繁殖下去。他以大象为例说明了这一点："假设一对大象在30岁开始繁殖，并一直持续到90岁，在此期间生下6头小象（这样的假设毫不夸张）。若以这一数据为基础，5个世纪后便会产生1500万头活着的大象，这些大象全都是最初那一对大象配偶的后代。"我们不知道他到底是怎么计算出1500万这个总数的，但无论选择哪种计算方法，我们总会得到数以千万计的厚皮动物，而这些厚皮动物显然无法在最初那块领地里存活！对于每年产数百万枚卵的昆虫或鱼类而言，不到一个世纪，它们的后代数量便会超过宇宙中的原子数量……然而，为了令种群数量达到平衡，每对配偶要产下2个后代，而且这些后代自己又能繁殖（由于肯定会有单身的大象，这个数字还要稍多一点：在我们人类中，平均每个女性要生育2.1个孩子才能保持人口的稳定）。因此，如果种群数量没有增加，那是因为每一代的大部分个体都被自然淘汰了。例如，在某些鱼类中，绝大多数鱼卵在产下后就会被别的物种吞食，而那些幸存的鱼卵，在孵化后也马上会被吞食。最终，大多数幸存者并不会生存很长时间，顺利活到繁殖之后。植物也是如此，大部分种子在发芽之前就会干枯而死或变成其他动物的食物。

达尔文在这种对某些自然特征（变异、繁殖、死亡）的平凡描述中加入了新观点，这是非常简单的观点，但会产生不可思议的效果。在消失的所有后代中，没被淘汰的个体之所以幸存下来并非归功于偶然，而要归功于它们的优点。他在《物种起源》的绪论中阐述了这个假设："每一物种所产生的个体，远远超过其

可能生存的个体，因而便反复引起生存斗争，于是任何
生物所发生的变异，无论多么微小，只要在复杂而时常
变化的生活条件下以任何方式有利于自身，就会有较
好的生存机会，这样便被自然选择了。根据强有力的
遗传原理，任何被选择活下来的变种都会有繁殖其变
异了的新类型的倾向。"

　　换句话说，在同一物种的一个种群中，每个个体
都是不同的。它们之中有些个体由于体形更大或更小、
更敏捷、更狡猾或更善于伪装，使得它们免遭天敌的伤
害，并且更容易在环境中获取食物；有些个体由于体
形更大或更小、体色更绚丽、鸣声更甜美或体格更强
壮，使得它们更容易获得异性的青睐；还有一些个体同
样由于上面提到的这些特征或者仅仅是繁殖能力更强，
使得它们会拥有更多后代，从而将它们的特征传递下
去。如此世世代代积累下去，它们的这些特征就会趋

**Une sélection
bien naturelle**

向于在种群中扩散开来。反言之，那些致使个体过早死去或子孙稀少的特征则会趋向于在种群中消失殆尽。如此一来，更有利于繁殖的体质特征或行为便会有更大可能成为种群中的常态，而这一过程是在个体无意识的情况下自然发生的，是物种毫无"计划"的自我完善。

达尔文的选择理论没有太多涉及个体的随机变化，这种选择会由个体的生存环境主导和影响。大自然如何使动物适应它们的生存环境，并不需要太复杂的机制来进行解释。这一切都是在没有外在意志影响的情况下发生的，其方式正是残酷的筛选。当然，所有这些都是统计学意义上的变化。一开始或许只是简单的倾向，但随着世世代代的积累和重复，最终就会在整个种群内产生巨大的改变。

达尔文用"带有改变的传衍"来描述这种物种的

变化。在他的著作中并没有使用"进化"这个词，尽管在《物种起源》的最后一段中使用了类似的表达："生命与其蕴含的能量最初被注入寥寥几个或单个类型之中，而当我们的星球按照固定的引力法则持续运行时，无数最美丽与最奇异的类型，即是从如此简单的开端演变而来并依然在演变之中，由此观之，生命是何等的壮丽恢宏。"

蚊子的抗药性

为了减少蚊子带来的烦恼，法国朗格多克省自20世纪50年代末开始在当地许多沼泽区大量喷洒杀虫剂，但最早使用的一批杀虫剂却迅速失去了功效，对昆虫没有任何作用。而随后替代它们的新型杀虫剂，也遭遇了同样的结果。

Une sélection
bien naturelle

　　我们如何解释这种药物失效呢？可以想象，那是由于这些接触到杀虫剂的蚊子逐渐对其中的毒素有了抵抗力，这些滨海地区的"小居民"上演了一出自然选择（也可以说是"人工选择"）的好戏。其实，并不是几只蚊子突然有了抗药性，而是蚊子的种群逐渐获得了抗药性。就像有些人天生对某些病毒免疫一样，种群中有一些蚊子天生就对杀虫剂毫无反应，它们具有某种影响生育的先天基因异常，而这种异常碰巧带有抵抗杀虫剂的额外效果。当其他蚊子都被杀虫剂消灭殆尽时，这些先天异常的蚊子却活了下来，并且继续繁殖，最初的缺陷反而变成巨大的优势。并且，它们会将这种有利的异常遗传给下一代。结果就是：最初那个对杀虫剂没有抵抗力的种群，被具有抵抗力的种群替代了，这种现象跟抗生素会逐渐对细菌失效是相同的。

　　这种进化是由外部环境的变化引起的：外界出现

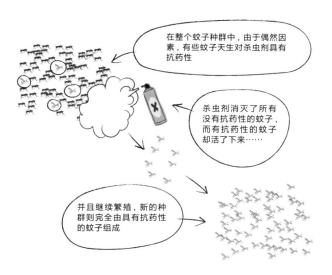

对杀虫剂有抗药性的蚊子是如何被"人工选择"出来的

了一种有毒物质，但这些有毒的物质不会引起个体的变化，这些个体并非一接触到杀虫剂就发生了进化。有些蚊子早在接触杀虫剂之前，就具有了抵抗杀虫剂的能力。我们无须去想象到底杀虫剂与蚊子发生了怎样的化学反应，导致了它们的变化。种群的变化，是在一种平平无奇的简单机制影响下发生的，这种选择一视同仁地作用在无力抵抗的死者和不断繁衍的生者身上。

被误解的概念

达尔文最重要的著作的真正标题不是《物种起源》，更准确完整的标题应该是《依据自然选择来实现物种的起源》，或者《论依据自然选择即在生存斗争中保存优良族的物种起源》。* 这就是对达尔文著名的"物

* 19 世纪以来引进法国的该书版本，都没有用这个翻译准确的书名。——作者注

竞天择，适者生存"概念的正确解读，后来成为从生物学到社会学、经济学等所有领域的常识——为了生存，任何有机体都必须"抗争"，抗争的意思是"战胜所有其他有机体"。在那些停留在字面意思的读者眼中，自然选择被简化成了一场残酷的、被迫的身体斗争。

　　然而，在达尔文眼中，适者生存是这样一幅画面："我必须指出，我在一般的意义和隐喻的意义上使用了'生存斗争'这一概念，它涉及有组织的生物之间的相互依赖关系，更重要的是，它不仅涉及个体生命，而且涉及个体繁衍后代的能力或结果。我们可以肯定地说，在饥荒时期，两种肉食动物互相搏斗，以获得生存所必需的食物。但我们也可以说，生长在沙漠边缘的一种植物在与干旱的斗争中生存下来；更准确地说，它的存活取决于环境湿度。"同样，我们必须重视那些间接的斗争：就像鸟儿播撒槲寄生的种子一样，后者的生存取决于前者；人们可以比喻说，槲寄生与其他结果植物进行了"斗争"，因为每一种植物都必须尽量让鸟吃掉它结出的果实，从而播撒种子。

　　长久以来，我们常常会忘记"生存斗争"的完整定义，只想到它厮杀的一面——尖牙利爪，是生存的严酷现实的象征！更糟的是，我们只记住了这一面，即猎物和捕食者之间的斗争。因此，通过逃离猎豹，瞪羚与捕食者展开了"斗争"，为确保自身的生存，剥夺了猎豹的食物。然而，自然选择并不仅仅限于这一对捕食者和猎物。生存斗争一部分确实作用于不同物种之间，但更主要的还是作用于同一物种的不同个体之间。这可以用一个生物学的经典笑话来概括：

　　两只瞪羚察觉到一只猎豹虎视眈眈地靠近，正准备逃跑。其中一头担心道："怎么办？猎豹肯定跑得比我们快！"而另一只瞪羚对它说："我只关心我是否比你快……"

生存竞争的核心是物种内部的竞争。谁能逃脱捕猎者的魔掌？谁能获得最丰富的食物？谁繁殖的后代最多？这些问题答得最好的那些人，比那些答不出来的人更能"适者生存"。然而，"适者"的概念同样引起了人们的许多误解。

当我们说一种动物完全适应了它的生活方式时，我们只关注它还活着！如果没有适应，它所属的物种可能早就灭绝了。有人会说，"适应"是一个同义反复的概念，是明摆着的事，没有提供任何新的信息。而在现实中，适应的两个方面被混淆了：一个物种的变化机制和这种变化的最终（或临时）结果。因此，生物学家区分了进化过程（过程）和它们产生的形式（模式）。

还必须区分允许个体更好地生存和繁殖的遗传或

行为特征，以及这种适应的结果，即个体（或其基因）对下一代的贡献。生物学家用"健身"这个术语来描述这种对适应的定量评估。与其说是活着的人，不如说是有后代的人（事实上是后代比其他人多的人）。衡量一个人的健康状况通常意味着估计他（或她）具备的可能性，即他的后代比同类多。归根结底，适应是一种新的特征，出现在个体身上，并通过自然选择所保留。世世代代下来，它在人口中变得日益普遍。

拉马克的变化论

进化论的思想是在达尔文之前发展起来的，尤其值得一提的是由法国博物学家让 - 巴蒂斯特·德·拉马克提出的"变化论"。在1809年出版的《动物学哲学》一书中，他提出了一种物种变化的机制——"用进废退"。这种理论认为，动物的器官的使用会根据身体需要进行改变。如果动物频繁使用一个器官，它就会获得加强和发展；相反，如果不使用这个器官，它就会慢慢退化消失。

拉马克以长颈鹿为例。长颈鹿生活在干旱、草地稀少的土地上，这迫使它们只能努力地寻找树叶吃。这个习惯在长颈鹿的种群中长期存在，结果就是，它们的前腿慢慢变得比后腿长，而且脖子变得更长，它们基本不靠后腿站立，而是尽量把脖子抬高，最高能伸到离地面6米高的地方。

另外，拉马克解释道，反刍动物的角或鹿角的诞生来自一种液体运动机制：这在这些动物生气的时候经常发生，尤其是在雄性竞争的时候，它们通过内心的冲动，努力将体内的液体有力地引导到头部，有些地方分泌出角质，有些地方分泌出骨质与角质的混合物，这就产生了坚实的凸起物——这就是羊角、牛角和鹿角的起源，这些动物多数都有武装过的头部。简言之，并不是器官本身，即动物身体各部分的性质和形状，导致了动物的特殊习性和能力；恰恰相反，是它们的习惯、生活方式等随时间推移，塑造了它们身体的形状、器官的数量和形态，以及拥有的特殊功能。

这一思想常被概括为"功能创造器官"，这与自然选择的思想截然不同，自然选择是解剖学或生理学上的新变化，为动物提供一种新的功能。事实上我们应该说，"器官实现功能"。从这个层面上说，拉马克提出的机制与达尔文的思想是针锋相对的。因此，为拍照而设计的相机，这是拉马克式的产品；而平板电脑则更像是达尔文式的，它的功能是上市后才不断实现的！

两人的另一个分歧点（只是假设，因为两位博物学家从未认识过）在于物种的进步。拉马克认为，物种是通过不断完善自己而发生转变的，遵循着一个有组织存在的纲领，这一纲领最终导致了人类的出现。而达尔文认为，"进步"不过是一个物种的无数种演化方向之一罢了（参见第5章插图）。

拉马克和达尔文在另一个问题上也是对立的：一个人在一生中养成的性格能否遗传给后代？其实，拉马克并没有特别发展这个想法。在当时，这个问题似乎是理所应当的，因此达尔文也把它作为自然选择理论的补充机制。直到19世纪末，德国生物学家奥古斯特·魏斯曼（1834—1914）才明确地论证了后天特征不会遗传给后代。

🐚 性选择

达尔文认为，自然选择并不能解释一切，包括某些看上去并不实用而且更麻烦的器官，比如雄孔雀的尾巴或雄鹿的鹿角。由于这些器官系统地存在于一个性别中，他尝试从动物生殖方面寻找解释，然后发展出了"性选择"这一概念。为了繁殖，动物必须存活到性成熟阶段，因此成功地通过了自然选择的考验。但如果它不能繁殖，它所有的个体品质都将会付诸东流，对这个物种毫无用处。然而，人们经常认为，在繁殖期，个体要么与同性的同类直接竞争，要么会采取一些特定的措施，只为了"引诱"配偶。

达尔文以鹿角为例，雄鹿为了争取雌鹿的青睐而相互搏斗时，鹿角对雄鹿是有用的。最强壮的雄鹿往往长着最大的鹿角，在竞争中处于优势，因此它在种群

中是唯一（几乎唯一）能够繁殖的个体，有资格将它们
的特征传给自己的幼崽。因此，性选择作用于同种雄
性之间的竞争。然而，雄鹿的鹿角在发情期结束后就
会脱落，必须在来年春天重新长出，而且每年都会稍微
长大，每年都会多一个分枝。这种生产是要投入成本
的，雄性必须尽量获取钙元素和其他必要的材料。此
外，鹿角越长，它们的颈部肌肉就必须越发达，这样才
能支撑起头部。如果超过一定数量，我们就可以认为，
动物每年长出这些装饰品的劣势大于其所提供的繁殖
上的优势。因此，自然选择与性选择保持了一种平衡。

　　另一个例子是雄孔雀，在它求爱时，会让自己的
尾羽开屏，变成轮状，如果上面点缀着"眼睛"的话，
效果更好。在求偶期之外，这条壮观的尾巴在它们的
生活中是一个真正的麻烦。这使雄孔雀更容易被捕食
者发现，并影响它的飞行。尾巴能促成孔雀求偶和繁

殖，却也降低了它们的生存能力。雄孔雀的尾巴其实是给雌性的一个信号，可以向它们表明一点：拥有这种特征的雄性尽管有缺陷，但仍然能够存活。虽然尾巴的功能并不明显，但它就是一个间接证据。因此，这是代表"诚实"的信号，也就是说，与雄性的品质联系了起来。选择这种雄性的雌性，将产下与它们的父亲具有相同品质的雏鸟，雌孔雀也能繁殖出同样成功的后代。另一方面，选择尾巴缺乏装饰的雄性的雌孔雀，会生下难以适应生存的后代，数量也会更少。因此，雌性一方的选择，同样受到性选择的影响。

在某些物种，比如乌鸦或狐猴当中，雄性和雌性是人类很难区分的。相反，在许多鸟类中，雄性比雌性的颜色更鲜艳。在海象或大猩猩当中，雄性比雌性体形大得多。这种"性别二态性"——雄性和雌性的外形（除性器官以外）有所区别——是动物面临性选择的

狐猴

标志。在我们人类当中，男人平均也比女人高大一点，我们的近亲黑猩猩也是一样。除了体形，男女的毛发也有所不同。因此，达尔文在一本书中论述了人类的起源，其中大部分内容都是关于性选择的。他认为，性选择在人类的进化过程中至关重要。

🦀 一种新理论的接受过程

《物种起源》刚一出版，就引起了博物学家和普罗大众之间的激烈争论。但从争论的一开始，科学、哲学与神学等方面的争论就密切地纠缠在一起。事实上，如果达尔文不说清楚人类的起源，那么他关于动物演化的论断将不可避免地扩展到人类身上。这样一来，对所有人来说，他的书就暗示了所有人类的起源是动物，这种爆炸性的观点是违背教条的——人们难以接受亚当和夏娃被一对猴子取代。这样的观念在维多利亚时代是令人厌恶至极的。

即使在博物学家之间，意见也参差不齐。进化论的思想早已深入人心，但许多博物学家仍是创造论的拥护者，拒绝任何进化论的思想，最多只能接受有限变化的理论。美国博物学家路易斯·阿加西就是这种人，他写道："神性的资源不可能如此匮乏，以至于为创造一个有理智的人，必须把一只猴子变成人。"而另一些学者，如英国解剖学家、大英博物馆馆长理查德·欧文支持进化论，但依然排斥自然选择理论。他认为，达尔文提出的这种机制是完全错误的，因为它迫使我们抛弃"大自然为生物造福而运作"的观念。这些博物学家很难接受这种只通过随机变异和盲目选择来进行的进化。这还仅仅是关于动物的问题，至于人类也可能是通过这条危险的道路而产生的想法，就更是不可想象的。而且他们的难以接受，往往是出于宗教而非科学的原因。

　　不过，达尔文还是得到了一些著名博物学家的支持，如英国植物学家约瑟夫·胡克和地质学家查尔斯·莱尔，还有德国生物学家恩斯特·海克尔。甚至，他的朋友托马斯·赫胥黎由于坚定地为他辩护，还被人称为"达尔文的斗犬"。事实上，赫胥黎早在1863年就出版了一本论人类起源的书，远早于达尔文的书。在《物种起源》出版几个月后，赫胥黎和约瑟夫·胡克与塞缪尔·威尔伯福斯主教进行了一场公开辩论，后者引经据典，阐述了英国国教的立场，而达尔文的支持者则站在严谨的科学立场上。达尔文理论的吸引力，最终赢得了更多博物学家的支持，使他们站在了他的一边。事实上，自然选择的适用性如此之高，让18世纪典型的"系统论"或拉马克的理论相形见绌。

　　《物种起源》记录了达尔文对生物世界的一系列观察，还为它们找到了一个框架，而这些观察乍看是十分怪异的。在解剖学家看来，很明显，鹅的翅膀、海豚的鳍、山羊的腿和人的四肢，都是建立在同一个模型之上的。对创造论者来说，这只是至高意志的表达；但达尔文始终坚持科学理性的解释："如果每一个生物都是被独立创造的，那我们只能补充说造物主喜欢在一个统一平面上建造每个大类下的所有动植物，这样才足以证明这一事实；但这并不是一个科学的解释。"在他看来，这些物种的相似性意味着它们有一个共同的起源，是同一个祖先物种的遗传产物，今天所有的脊椎动物都是从这个祖先物种衍生出来的。达尔文拒绝用神或超自然的原因作为"解释"。在这里，他表现出一种更接近现代标准的科学严谨，而无视了 19 世纪的国家和历史传统。祖先物种的发育，始于所有其他哺乳动物的结构，有一条脊椎、一个头和四条四肢。在某些物种中，尾巴被保留下来并继续发育。比如，在一些类人猿中，尾巴缩小为一段尾骨，这是在进化中发生的。如今的所有大型类人猿（长臂猿、猩猩、大猩猩、黑猩猩和人类）在约2500万年前都有一个共同祖先。达尔文认为："一些最基本的器官，以各种形式蕴含着物种的起源和意义。"

到19世纪末，至少在科学界内部，创造论几乎被进化论取代了。但是达尔文主义的本质——"自然选择是进化的主导力量"——正在被人们所遗忘。有些人总是更愿意诉诸"神的意志"。他们认为，神可能并没有创造出每一种生命形式，但至少创造了物种出现的条件，重要的是，神全权指导了它们的进化，使人类最终得以出现。科学家依然坚持自

> 我们可以把基本的器官比作几个字母，它们被保存在某一个单词中，虽然对单词的发音没有用，但却可以用来追溯它的起源和亲缘关系。
> ——查尔斯·达尔文，1859年

然的机制。拉马克的思想在当时仍然非常活跃，尤其是在法国。我们也在寻找引导进化的内驱力，例如，向更大、更复杂的形式进化。对所有人来说，基本的需求都得到了保障：人类或许不是造物主，但其本身就代表着进化中的胜利！

在这一时期，其他科学学科将为自然选择提供一个回归科学舞台的机遇，并且至关重要。

3

L'évolution en pleine action

一

进化研究的全盛时代

20世纪，先后通过遗传学和分子生物学得到充实的达尔文主义继续推陈出新。新达尔文主义又称"综合进化论"，它为整个生物学相关的学科提供了总体框架，在生命的长河中留下了不可磨灭的印记。

达尔文认为，同一物种的个体"变异"是显而易见的，但他不清楚这种变异从何而来。当时的条件无法让他找到导致相同物种的个体差异的原因。起初，他仅能描述其特性：多样性、随机性和遗传性。当遗传学家们开始描述基因的特性时，基因突变现象随即为达尔文的个体差异理论提供了令人信服的解释。他观察到的那些个体差异，原来都是基因突变体！在20世纪这100年里，达尔文主义在生命科学的所有领域都因生物学家的工作而得到丰富和延伸。

🦀 从个体差异到基因突变

回溯遗传学的起点，奥地利人格雷戈尔·约翰·孟德尔于1866年发表的研究成果，并没有引起当时科学界的关注。他揭示了植物性状的颗粒遗传，也就是遗传因子如何互不干扰，像完整的颗粒一样相对独立，代代相传。尽管有时观察结果仍不太明显，犹抱琵琶半遮面（高中课本中提到的著名的显性和隐性遗传特征，我们可以在黄色和绿色、表面光滑和皱皮的豌豆上观察到）。19世纪末，有三位植物学家分别重新发现了"孟德尔定律"，正式奠定了遗传学的基础。

此后，"基因"被定义为决定生物性状的基本遗传单位。生物学家提出了基因型（生物个体所有基因组合的总称）和表现型（生物个体表现出来的形态或功能）的区别。每种基因都以几种被称为"等位基因"的形态存在于一个种群中，它们会表现出不同的特征——毛发或眼睛的颜色、器官形状、身体或生理上的异常……这些个体差异，共同构成了物种的"多态性"。

然而，遗传学这门新学科，似乎恰恰与达尔文的观点背道而驰，因为它描述了等位基因是如何从亲代到子代保持完整的，解释了孩子为何长得像父母。相反，达尔文主义关注的是个体差异现象，并由此产生新物种的进化机制。一个是保持性状代代相传，另一个是产生变异、不断进化。达尔文未曾了解孟德尔所揭示的遗传机制，也没有明确证据表明达尔文曾将孟德尔定律融入自己的理论，至少在基因突变的概念出现之前是这样。

1911年，托马斯·摩尔根（1933年诺贝尔生理学或医学奖得主）发现了基因染色体的遗传机制。染色体是基因的载体，它们有时会因突变而发生改变，并由此产生新的等位基因。尽管基因的表达方式（它们在解剖学或生理学层面上的表现）错综复杂，但它们很快证实，摩尔根染色体遗传机制与达尔文的推论不谋而合。一方面，基因突变随机产生，与动物的生活方式或它们生存过程中的偶发事件无关；另一方面，基因突变也是通过染色体代代相传的。换句话说，基因突变及其影响，与达尔文观察到的个体差异特征完全吻合。

🐚 新达尔文主义或"综合进化论"

20世纪30年代，遗传学的一个新分支——种群遗传学——专门致力于研究基因在种群中的分布及其随时间产生的变化，它将有助于构建早期达尔文主义和遗传学之间的联系。

通过对种群实物的研究，我们可以大规模地观察到自然选择在多代繁殖中的真实影响。为开展基因突变遗传研究，托马斯·摩尔根选择了果蝇（也叫"醋蝇"）作为实验对象：它们是家家户户厨房中的常客，盘旋在腐烂水果的周围。这种昆虫非常容易培养，两代之间的繁衍只需要短短两周，每年可以繁衍25代，是用来跟踪研究种群进化的完美实验对象。

达尔文曾解释过：为什么有些海岛上会出现无翅的昆虫？这是海岛上的大风环境对昆虫长期选择的结果。他认为，一些有翅膀的昆虫被狂风卷走，与此同时，一些无翅昆虫却因留在地面而得到保护。大约在1936年，法国生物学家菲利普·莱里蒂埃（1906—1994）提议用饲养在布列塔尼罗斯科夫实验室屋顶上的果蝇来验证这一假说。几天之内，大量果蝇产生变异，翅膀逐渐退化、萎缩，不再具备飞行能力，且这种现象在种群中占了大多数。果然，长着正常翅膀的果蝇真的都被狂风掠走，其中大部分从此销声匿迹。莱里蒂埃总结道："这种适应变化（无翅现象）对于生活环境暴露在海风中的昆虫是一种有益的缺陷。由此我们可以推论，与其说是变异的偶然性导致了物种新形态产生，倒不如说是自然选择在生物适应进化中发挥

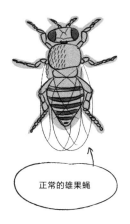

正常的雄果蝇

失去飞行能力，
翅膀退化的雄果蝇

两只果蝇的对比

3

L'évolution en pleine action

了作用。"达尔文的假说就此在实验方面得到了证实。

至此，新物种的产生，终于通过"异域物种形成"机制，找到了一个完整的解释，即在两个不同的"生存家园"中，分别形成了两个新物种。假设一个物种被一道不可逾越的地理屏障——一道海峡、一片沙漠、一群山脉——隔离成两个种群；再假设在这道屏障两侧的生活条件各不相同，那么这两个种群将会受到由随机自然环境造成的基因突变的影响。由于限制条件有所不同，这两个种群会朝着不同的方向进化。如果地域隔离持续时间足够漫长，在这种机制下将进化出两个不同的物种，甚至彼此产生生殖隔离。这正是达尔文在加拉帕戈斯群岛上所观察到的现象。通过染色体遗传机制和另一些物种形成的模式，可以解释某些物种在没有物理隔离情况下的形成机制——非地理物种形成（也叫"同域物种

> 如果没有进化之光，生物学就会失去方向。
> ——杜布赞斯基，1973 年

形成"）。

　　达尔文的自然选择学说综合了种群遗传学的研究成果，再加上古生物学和生物地理学的探索新发现，最终形成了一种"综合进化论"，又称"新达尔文主义"。这种理论的完成，得益于遗传学家西奥多修斯·杜布赞斯基（1900—1975），生物学家朱利安·赫胥黎（1887—1975，即托马斯·赫胥黎的孙子），动物学家恩斯特·迈尔（1904—2005），古生物学家乔治·辛普森（1902—1984）等众多科学家的共同努力。这些综合进化论学者认为：物种的进化与极其微小的变异相关，它们可以使种群产生渐进变化。如果种群相互隔离，差异还会逐渐增大，直至诞生一种截然不同的新物种。

　　进化的实例开始陆续在自然界中被观察到，例如，桦尺蠖（俗称"椒花蛾"）的常见形态是一种带有浅灰

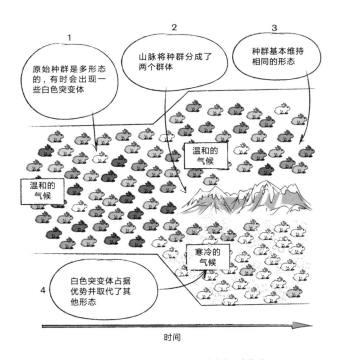

典型物种形成示意图，由单一物种演变为两个物种

和棕灰斑点的有翼夜蛾。这种蛾还有一种罕见形态，即黑色桦尺蠖，通身及翅膀都呈接近黑色的深褐色。首批黑化变异的桦尺蠖于1850年前后在英国曼彻斯特被发现。到19世纪末，黑化蛾占了整个种群的98%。

这些桦尺蠖栖息在布满浅灰色地衣的树干上，常态蛾正好可以隐身其中，躲避鸟类天敌的捕食。随着英国工业化的进程加速，空气污染加重，黑烟破坏了地衣，熏黑了树干。常态桦尺蠖被迫暴露在外，相反，黑化蛾却得到了巧妙的伪装。后来，到了20世纪70年代，空气质量逐渐改善，地衣重新生长，两种形态的桦尺蠖比例又发生了逆转。1955年，人们阐述了这种物种通过自然选择来适应环境的现象。另外，桦尺蠖在美国也经历了同样的过程。

"工业黑化现象"当时不乏反对之声，某些学者拒绝承认黑化现象与自然选择有关。然而，20世纪80

L'évolution en
pleine action

桦尺蠖

年代开展的许多实验证明，鸟类确实是造成栖息在地衣覆盖的树干上的黑色飞蛾和栖息在裸露树干上的浅色飞蛾过度死亡的原因。2016年，这一突变基因被科学家成功识别。还有观点认为，这并不是新物种形成的原因，因为两种蛾仍可以杂交繁殖。进化论学者也仅将这一发现视为通往真正物种形成道路的第一步。

最后的反对之声

长期以来，法国的生物学家都是拉马克理论的忠实粉丝，原因有很多，可能是他们不相信达尔文的主张，也可能是某些心照不宣的原因，比如沙文主义成见。但毫无疑问的是，他们对达尔文主义持保留意见还有其他原因——拉马克学说的整套解释体系让人心里更舒服——动物遇到难题，伟大的自然会帮它找到解

L'évolution en
pleine action

决办法！拉马克认为，如果动物的某种活动需要一个
器官，那么就会出现新的身体结构或增强现有的结构，
且这种新的特性会遗传给后代。在拉马克的理论里，
进化是一种带有"天意"的力量，可以直接满足生命的
需求。相反，达尔文的自然选择是一种盲目的、无计划
的机制，动物的良好适应性，必须以内部的大量牺牲为
代价，大多数个体都会在无情的筛选中被淘汰。

拉马克的观点与"上帝创造并看管他的子民"这
一思想是完全契合的，尽管这样理解与拉马克的本意
毫不相干。直到20世纪60年代末，一些法国动物学
家仍秉持着拉马克的信念，他们更青睐这种"定向进
化"的观点，认为进化是朝着明确方向发展的。这是
一种进化上的"终极目的论"，例如，史前学家、耶稣
会士皮埃尔·泰亚尔·德·夏尔丹（1881—1955）所
提出的观点：所有进化的终极目标都是人类的精神成

就。这些抱持有目的论的生物学家认为，突变是一种病理异常，与进化论者所描述的创造性进化毫不相干。类似的，法国动物学家皮埃尔—保罗·格拉斯（1895—1985）支持拉马克的"自适应变异论"，认为DNA改变是"安排有序，世代延续，生生不息"的。如果生物学不能解释进化论，那就只能把解释权让给"形而上学"了！这种新拉马克主义究其本质是一种唯心主义，它长期阻碍了达尔文思想在法国的发展。直到20世纪末，不带目的论的进化观点才在法国的大学和中学里占主流。

🌸 进化的节奏

综合进化论最终压倒了批评之声，至少在英语国家发展成了人们深信不疑的主流进化论。它成功揭开了达尔文关于"个体差异成因"的难题的神秘面纱，基因突变和自然选择这对黄金搭档，展现出了惊人的解释力。进化，就像一台由基因突变积累又被自然选择掌控的机器。它会导致现有物种的渐进式改变（"前进进化"）和新物种的产生（"枝化进化"），从而造成了今天的生物多样性。尽管科学界对新达尔文主义达成了共识，但争论却远未平息，甚至有时还针锋相对，因为有些观察和实验结果，似乎超出了这个理论的范畴。

事实上，种群遗传学揭示了物种变化的另一种机制——基因漂变（genetic drift）。在每个种群中，同一基因的不同版本（等位基因）按比例分布，并且随时间变化。这种变异可能与自然选择相关，如其中某一等位基因占据了明显优势。但是，在部分小群体中，由于受到繁殖者生殖细胞分布情况的影响，某一等位基因可能会偶然消失（漂变）。这种现象，与一些家族姓氏消失的现象如出一辙。例如，在古代，当一个家族中的一代人只有女性时，她们无法将自己的姓氏传给孩子。因此，基因漂变会导致种群遗传结构上的变化，而非受自然选择的影响（当然，自然选择仍会在日后逐渐起作用）。

　　关于分子进化方面的早期工作（参见第4章）表明，多态性远比人们想象的要普遍得多，多到难以用自然选择来解释其成因。相反，人们认为自然选择是筛选机制，优胜劣汰仅保留最适应环境的变体。不得不承认许多突变在选择上是中性的，换句话说基因可以以多种等位形式存在。这就是日本遗传学家木村资生提出的"中性"学说。后来研究发现，DNA的某些部分确实积累了大量基因突变，未受自然选择的影响，而DNA的其他部分至关重要，即使最小的改变，只要是不利变异，就会立即被自然选择淘汰。这种机制不再被认为与自然选择相悖，而是互为补充：在整个进化过程中，某些变化既有选择性成分，也有随机性成分，例如与遗传漂变有关的变化。

而另一场论战的焦点是渐变式进化，即进化以一种几乎渐进的方式进行，不存在突然的飞跃。新达尔文主义者认为，微小的突变才是关键，这样不会降低个体的生存能力。但是，看似微不足道的变异，当它们在各个方向随机发生时，又是怎样在漫长岁月中始终保持同一个方向，直至产生重大变化的呢？另外，在这种情况下，为什么物种之间的界限，不比我们在自然界中观察到的更模糊呢？孟德尔定律的"重新发现者"之一、植物学家雨果·德·弗里斯认为，突变可以实现显著变化，且较达尔文严肃界定的"渐变式"进化要更加迅速。

1972年，两位美国古生物学家——奈尔斯·埃尔德里奇（1943— ）和斯蒂芬·杰·古尔德（1941—2002）——通过分析化石证据，尝试解答这一难题。化石通常在一个方向上反映出持续性的变异（例如，软体动物的贝壳不断增大），但有时也表现出"飞跃性"的进化。一个物种似乎突然被另一个物种取代。人们往往把这一现象归因于化石档案的"不完整"。但事实上，化石化是一种非常罕见的现象，只影响到极少数个体，可能绝大多数物种灭绝时并没能留下任何化石证据。不同于主流的渐变观点，两位生物学家提出了一种新概念——"间断平衡"进化理论，它建立在化石档案所展现的真实情况和人们真切观察到的飞跃性进化的基础之上。

两人认为，如果物种的生活条件恒定不变，那么物种形态也会保持不变，或者仅以中间形态为基准略有变动。但是，如果生活条件发生剧变，这种平衡可

能会被一个"间断"突然打破，在短期（地质年代上的
"短期"！）内物种形态就会发生重大改变。此类事件
可能对数量锐减的种群产生影响，这些小规模种群与
"大部队"隔离，只占整个种群变异形态中的极小一部
分。这个关于物种生存史中的"瓶颈期"的观点，正好
印证了自然选择的作用。这样苛刻的环境条件使化石
形成更加困难，也恰好解释了化石记录中过渡形态稀
少的原因。这种"间断平衡"进化论，最初被视为对渐
变式进化论的正面挑战，但现在更多被看成一种对后
者的补充和完善。（我们可以综合一下，称它为"间断
渐变进化论"！）

🦀 备受质疑的适应论

　　20世纪80年代，一些生物学家提出，生物机体的

所有特征都由自然选择所塑造且完美适应的"进化适应论"观点，而美国生物学家斯蒂芬·杰·古尔德和理查德·勒沃汀对此提出了质疑。他们首先指出了妨碍自然选择发挥作用的限制因素，例如从祖先那里继承的机体原始结构：天生的解剖学形态一旦给定，不是所有变异都会发生！同样，某些特征可能受到另一个器官适应变化的间接影响，而这些特征本身并没有被自然"选择"。非最优性状的出现，可能是竞争中相互妥协的结果。

　　基于这种观点，我们可以为雄性哺乳动物有乳头的现象做出一个解释。在大多数物种中，雄性的乳头毫无用处。在哺乳动物的胚胎初期，当所有基本器官开始发育时，乳头也同时生长在雄性和雌性体内。当胚胎开始出现性别分化时，乳头仍留在雄性体内，可能仅仅因为其存在对机体并无害处，因而并未被自然选

择所淘汰。所以，这说明，一个"没用"的器官不一定
就会消失！如果非要说"用进废退"，那么"淘汰"可
能比"保留"要付出更高的代价（就乳头来说，想要让
雄性的乳头消失，可能需要对其发育的时间轴进行彻底
重构）。

另一个例子是，世界上目前仅
存5种犀牛，其中2种的鼻子上只
有一个角，另外3种有两个角。这

> 我不能承认男性退化的乳房是
> 一种刻意的摆设。否则这不就
> 像让东正教接受三位一体论那
> 样荒唐吗？
> ——查尔斯·达尔文，1861年

是不同的适应情况导致的结果吗？生物学家排除了地
理原因（在亚洲既发现了独角犀牛，也发现了双角犀
牛）和亲缘关系（苏门答腊岛的双角犀牛与印度的独
角犀牛亲缘关系更近，而与非洲的双角犀牛较远）。甚
至，犀牛角的功能也不太好理解，因为有些犀牛角用来
抵御捕食者，有些用来进行雄性间的角逐，但另一些犀
牛则更爱用牙齿作为武器。那么，双角犀牛的第二个

印度的独角犀牛（上）和非洲的双角犀牛（下）

L'évolution en
pleine action

角的潜在功能就更加难以理解了！这样看来，我们一
直在适应论中钻牛角尖是行不通了。

适应论的种种局限，促进了"进化修补论"的诞
生，正如法国生物学家弗朗索瓦·雅各布在1977年的
一篇著名论文中阐述的："自然选择的运作方式不是
像工程师那样设计，而是像修补匠那样修补。修补匠
最初并不清楚自己会做出什么成果，但他收集了所有
可利用的资源，针头线脑、木块、废纸箱……它们有
朝一日都可能变成有用的材料。简而言之，修补匠在
千百万年的时间里慢慢地重塑他的作品，不断地修改，
这里剪一剪，那里加一加，抓住一切机会去调整，去改
变，去创造。"

"修补"的比喻当然有其局限性，因为它与自然选
择不同，后者通常有一个明确的目标。但是这种说法
却很好地阐明了进化的一个特点——器官可以重复利

用，以获得新的用途。鸟类的羽毛就是一个"经典"的例子。这种器官最早出现在恐龙身上，可能是从它们的角质鳞片变化来的。原始的羽毛仅仅只是一些丝状体，这些丝状体少有或没有分支，我们可以在侏罗纪小型恐龙骨骼周围的岩石中观察到它们的蛛丝马迹。科学家猜想，这些丝状体起到了调节动物体温的作用，因为恐龙有时会生活在寒冷地区。随后出现了带分支的丝状体，接着就出现了羽毛，它们也可能在动物求偶活动中起到装饰作用（由于没有任何直接证据，我们将第二种假说与鸟类羽毛功能做类比）。直到数百万年后，才终于出现不对称的羽毛，其形状与鸟类飞行用的飞羽类似。所以，羽毛的出现，并不是"为了"让恐龙能飞，但在进化过程中，这些器官的功能发生了变化，或者更确切地说，在羽毛原有的基础功能上又增加了新功能。这种现象被称为"预适应"，听起来有点模棱两可，因为它暗示了进化已经"预见"到飞行会成为羽毛的终极功能。这就是斯蒂芬·杰·古尔德之所以提出用"扩展适应"一词来代替它的原因。

🐚 生命之树

　　达尔文推测所有生命都源于同一个祖先，尽管在这一点上他还略带犹豫。他主张动植物的分类应该符合亲缘关系，而亲缘关系可以通过"一棵树"的模样来呈现。树状图的构建，以各物种的起源为逻辑，而不仅基于简单的相似度。就在《物种起源》出版后不久，德国生物学家恩斯特·海克尔（1834—1919）绘制出了一棵生命树，归纳了物种的"发育系统"，也就是物种间的亲缘进化关系。他的这种分类方法，深受时代环境的影响——人类尽管不是造物主，但仍高居生命树的

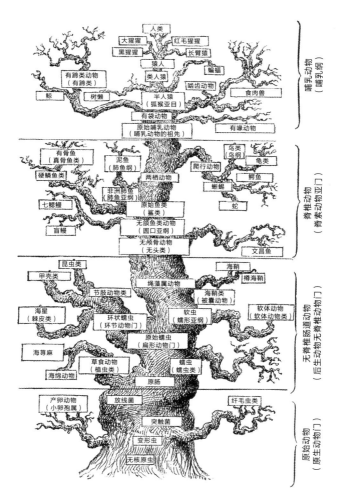

恩斯特·海克尔于1874年绘制的生命之树

最顶端，即进化的顶峰。

　　系统发育树是基于解剖学来建构亲缘关系的：比如，老虎与狮子结构相似，所以它们被认为有着共同的祖先。从更高的等级来看，由于鸟类和哺乳动物的骨骼有着相同的结构，我们可以假设它们也有一个共同的祖先，而且比狮子和老虎的祖先更古老。科学家试图在化石中寻找这些古老祖先的痕迹。因此，始祖鸟被认为是鸟类的祖先，原康修尔猿被认为是原始人类的祖先。

　　然而，用这种方式构建的系统发育树暴露了许多缺陷。物种之间的联系，通常是基于动物学家们的个人主观判断。他们在物种的所有特征中，挑选符合其假想逻辑的个例来构建联系。但如果从其他特征出发，有时可能得出完全不同的分类。任何分类都无法给出定论，所以小熊猫有时被认为是一种熊（属于熊科），

始祖鸟具有恐龙的原始特征（牙齿、尾巴）和一些新特征（羽毛、飞行能力）

原康修尔猿是最早的无尾猴之一，类人猿的起源

始祖鸟和原康修尔猿的重建绘图

L'évolution en
pleine action

小熊猫（又称红熊猫）

有时又被视为浣熊科代表动物——浣熊的表亲。

　　20世纪，这些系统发育树的构建成了争论的焦点。1966年，德国昆虫学家威利·汉宁根（1913—1976）提出了一项严格且可测试的建树新技术。构建物种种群间的亲缘关系，不再基于形态上的相似性，而是完全根据从共同祖先那里遗传进化而来的新特征，来对物种间的关系进行分析。这些特征的出现，标志着系统发育树新分支的诞生。它们被称为"衍生特征"（简称"衍征"）。灵长类动物，包括猴子和狐猴等，通过其重要特点——是否拥有与其他趾（指）对握的大拇指或取代爪子的指甲来界定。在灵长类分类中，原猴类或类人猿的特征是它们颅骨上的两块前额骨衔接在一起。

　　因此，目前的系统发育树建立在亲缘关系上，而不是依靠系谱分析。它们仅仅展现了物种之间的亲缘近似关系（"近亲"关系），而没有将祖先和化石联系

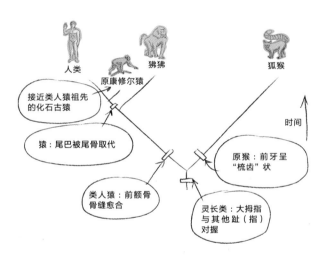

脊椎动物的系统发育树

在一起，因为物种间真正的系谱关系事实上无法证明。如今，这种"支序分类学"方法，成为全世界生物学家进行分类研究的标准。

鱼类和爬行动物的消失

人们普遍认为，鱼是生活在水中、体内有骨骼、长着鳞片和鳍的动物。在17世纪，"分类学之父"林奈定义了鱼纲的动物类群。其中某些种类的鱼表现出非常奇怪的特征，尤其是腔棘鱼——它们的鳍不同于其他大多数鱼类由细长的鳍刺组成，而是依靠受肌肉控制的骨骼来支撑，类似陆生四足动物的构造。根据化石档案记载，第一批长着如此肢体的"鱼类"出现在3.8亿年前。它们中的一条，就是所有陆生脊椎动物或四足动物的祖先，即两栖动物、爬行动物、鸟类和哺乳动物

（尽管其中一些动物后来又回到水中，恢复了水生生活方式）。腔棘鱼拥有与陆生脊椎动物相同的进化特征，应该被纳入相同的进化分支，即肉鳍鱼类进化支（肉鳍指具有肉质基部的鳍）。

因此，在现代动物学家眼中，腔棘鱼不是一种鱼，而是一种肉鳍鱼类。更有甚者，有人认为鱼类已不再能作为一个动物类群存在了。事实上，根据支序分类学的原则，每一个分支必须包含一个共同祖先和这个共同祖先的所有后代。然而，鱼类的共同祖先也是腔棘鱼和四足动物的共同祖先。如果这些古老的鱼类还存在的话（从动物学上看），那么我们人类都属于一种鱼类！当然，从生态学上讲，腔棘鱼仍是一种鱼类。这样看，它有点像西红柿——作为食材时，它是一种蔬菜，而在植物学家看来，它也是一种水果。

爬行动物的分类也经历了同样的过程。此前，爬

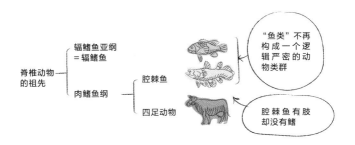

"鱼类"的系统发育树

行动物包括了海龟、蛇、蜥蜴、鳄鱼和其他一些动物。通过特有的骨骼和带有鳞片的皮肤，使得所有爬行动物都很容易识别，就连恐龙也归属此类。但众所周知，有些恐龙进化成了与众不同的物种——鸟类。那么，根据支序分类学，鸟类就是恐龙。因此，古爬行动物类群要么应该包含鸟类，要么应该消失。如今，我们对龟鳖类（乌龟）、鳞龙超目（蜥蜴、蛇）和鳄目（鳄鱼）分门别类，但爬行动物不再构成一个同质性动物类群。至于鸟类这个分类并没有消失，是因为它们都是同一个恐龙祖先的后代——鸟类分支完全符合进化系统发育规则！

🐾 地质学的革命

达尔文曾通过进化史来解释现存物种的分布情况。他对南美洲的物种尤其感兴趣："人们可能会调侃地问我，是否认为树懒、犰狳和蚂蚁是曾经生活在古南美洲的大地獭或其他相似的巨型怪兽退化成的后代？这个观点一时令人难以接受：这些巨型动物早已灭绝，没有留下任何后代。但人们在巴西的洞穴中发现了大量相关的古巨型动物化石，它们的大小和其他所有特征都与目前生活在南美洲的物种相似，很有可能其中一些化石物种，就是这些现存物种真正的祖先。"

从全球角度来看，现代的地质状态处于稳定时期，大陆仅受到两大因素影响：一是可能发生的海平面变化，二是因地球内部压力变化而形成山脉。近代的美洲和澳洲的殖民化过程好比一座"桥梁"，它人为地连接了如今地理分隔的大陆。同样，动植物也可以靠飞行、游泳或者搭乘树枝漂洋过海。但从20世纪60年代开始，板块构造理论为生物地理学提供了全新的理论基础。这一理论清楚地呈现了远古时期大陆是如何连

L'évolution en pleine action

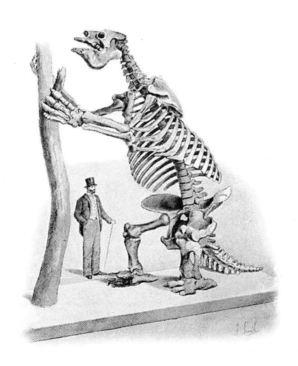

大地獭化石与人的对比

接在一起的，后来之所以分裂，是因为部分地幔熔化而导致的地壳运动。大陆漂移学说让我们可以理解某些物种为何会分隔为不同的相互隔离的种群，以及随后这些物种朝不同的新方向进化的原因。

达尔文强调了进化的渐进性，他认为，进化是以一种缓慢的、难以察觉的方式进行的，就像查尔斯·莱尔描述的地质学机制那样。

> 一切真实的分类都是符合系谱的；后代群体就是博物学家们总在寻找的潜在线索。
> ——查尔斯·达尔文，1859 年

但在 1980 年，美国物理学家路易斯·阿尔瓦雷茨（1911—1988）在地质学家和化学家的工作成果的帮助下，戏剧性地将昔日反进化论者口中的"大灾难"重新联系了起来，用于解释在一个地区动物群落化石中发现的"突然更替"现象。大量地质学证据表明，距今约6500万年前，一颗小行星撞击了地球，这次撞击事件的种种后果，可能解释了恐龙、古海洋爬行动物、

菊石和许多其他物种的灭绝。时至今日，地质学家仍
在讨论这次爆炸的重大影响，以及同时期一次突发的
剧烈火山爆发事件的意义。其结果就是生态系统的深
刻剧变，并引领物种进化朝着全新的方向进展。事实
上，恐龙已经被哺乳动物取代，在长达千百万年的时间
里，哺乳动物崛起，占领了此前大型爬行动物统治的
栖息地。

　　一场突发的大灾难，彻底颠覆了正常的进化过程。
整片大陆长达几年都沉浸在天昏地暗的冰河世界中，
植物枯萎，草食动物和肉食捕猎者也相继死亡。很明
显，这一系列事件迫使物种不能通过缓慢、渐进的突变
与自然选择来自我适应。幸存下来的物种之所以如此
幸运，是因为它们具有能抵御灾难的特征，如拥有代谢
缓慢的能力，或以植物残叶和动物尸体为基础的饮食
习惯。这就是为什么幸存下来的鳄鱼或小型哺乳动物

拥有冬眠的本领。但某些偶然因素，同样可能影响到物种的存续消亡。

4

La révolution moléculaire

一

分子革命

脱氧核糖核酸（DNA）结构的发现，引起了对新达尔文主义的某些方面的质疑。进化的表现形式更具多样性，其中，自然选择依旧发挥着主导作用。

**La révolution
moléculaire**

20世纪上半叶，遗传学与达尔文主义融会贯通，发展成"综合进化论"。然而，一门更新的科学"分子生物学"，很快又以令人震撼的方式充实了这一理论。DNA 分子结构的发现和强大的分子工具的开发利用带来了双重效应：一方面，它打开了探索基因突变及其影响的内在机制的大门，推动理论发展迈上了新高度；另一方面，它又开启了探索人为影响进化的新进程。

🦀 掌控全局的基因

1953年，詹姆斯·沃森（1928—　）和弗朗西斯·克里克（1916—2004）在《自然》上发表了一篇论文，描述了脱氧核糖核酸（DNA）的结构——著名的"双螺旋"结构，并将该结构与其在细胞中的特性联系起来。这一发现为他们赢得了1962年的诺贝尔生理学或医学奖，获奖的还有他们的工作伙伴、物理学家莫里斯·威尔金斯。同样在这项工作中发挥重要作用的化学家罗莎琳·富兰克林于1958年去世，但她没有获奖，也没有像她的几位同事那样被世人记住。

什么是染色体、基因和 DNA

DNA 是由四类不同的脱氧核苷酸按一定顺序排列而成的分子长链。根据含氮碱基不同（腺嘌呤、胸腺嘧啶、鸟嘌呤和胞嘧啶），脱氧核苷酸分别被标记为 A、T、G、C，如：A-T-G-G-T-C-A-G-A-T-C-C-A……

人类 DNA 中大约包含33亿个碱基对。碱基序列分布于23对46条染色体中。在显微镜下，当细胞分裂时，染色体呈现短棍状，但在其他时候，它们通常以细

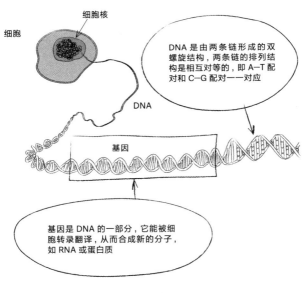

细胞核

细胞

DNA

基因

DNA 是由两条链形成的双螺旋结构，两条链的排列结构是相互对等的，即 A—T 配对和 C—G 配对——对应

基因是 DNA 的一部分，它能被细胞转录翻译，从而合成新的分子，如 RNA 或蛋白质

DNA

丝状存于细胞核内。在人体中，一个细胞中的 DNA 链
的总长度可达约 2 米！

DNA 序列，即核苷酸排列顺序，有点像由 4 个字
母组成的密码本，可以被细胞"解读"破译。细胞根据
获取到的不同信息，把一部分 DNA 转译并合成新的分
子（蛋白质或 RNA）。这些能通过合成分子进行"表
达"的区域，就是基因，人类共拥有大约 2 万个基因。
但是，并非所有的基因都会表达。基因的表达取决于
细胞环境以及每个细胞在组织中的功能。

剩余的 DNA 分子虽然没有被表达，但是大部分依
然在调控细胞解读和转译基因的过程中发挥着重要作
用。其中一半都是重复序列；同时还存在成千上万种
的"假基因"，其序列跟基因相似，但不发挥任何作用。

基因突变，是指 DNA 结构产生或多或少的变
化，常由放射性或化学物质的影响导致。基因突变可

能是单个核苷酸的改变（即单核苷酸多态性，缩写为SNP），比如 ATC 变成 GTC。但基因突变有时也可能是包含上千个核苷酸的染色体片段发生的复杂变化。

　　DNA 测序，是指确定组成 DNA 的碱基排列顺序。自 2010 年以来，DNA 测序已成为许多实验室中快捷、低成本的常规工作。人们已经破解了几百种细菌和动植物的基因组，即它们所有基因的总和。如今，进行两个物种间的基因组比对，比解剖学比对还要更容易！

　　生物学家一步一步地破译了细胞利用 DNA 合成其所需蛋白质的过程。由此，他们发现所有生物都以相同的方式转译 DNA——基因密码具有"通用性"！由这一发现转化而来的具体成果是人们可以实现"转基因"技术。例如，把人类基因植入细菌，使其合成人类蛋白质，如生物合成人胰岛素。但这种通用性还有另一层含义：如果所有生物的 DNA 都拥有相同的结构，发挥着相同的作用，那么我们自然能由此推测：所有生物从同一个祖先身上继承了这些特点。因此，所有生物，包括细菌、古生菌、植物、真菌和动物都有一个共同祖先。这正好与达尔文昔日的推论一致；不同点在于，如今生物学家们终于为支撑该猜想找到了更强有力的论据。我们的 DNA 及其功能都来自一个共同的祖先："露卡"（LUCA, Last Universal Common Ancestor），意思是"离我们最近的共同祖先"。目前还没发现任何与该祖先相关的化石，相关研究还停留在理论阶段。

> 地球上所有现存和曾经生活过的有机体可能都源自同一个原始形态。
> ——查尔斯·达尔文，1859 年

DNA 测序还促进了系统发育学的发展，开辟了新方法，使其不再依靠物种解剖学或生理学特征，而是建立在基因组的基础之上。开发出适用于 DNA 序列比对的算法，成为遗传学家的当务之急。虽然解释数学算法不是很容易，但所用的程序都是已知的，因此可以进行讨论和修改。通过对比几组物种的 DNA 分子，我们可以评估一个物种与另一个物种之间的差异程度，并在分子水平上重构进化路径。我们可以构建分子系统发育树（同样也根据支序分类学技术）。这种建树的方式，在本质上并不比基于解剖学的建树更可靠，但它们有助于解决一些模糊不清的问题。例如，已经可以确定小熊猫的亲缘关系：根据它的 DNA，它与浣熊的关系比跟熊的关系更近，但又与这两者的关系足够远，因此被单列为第三科——小熊猫科，它也是目前该科的唯一代表。

比对多个物种的 DNA，还衍生了另一种应用：两个物种之间 DNA 的差异程度，大致与两个物种从其共同祖先处开始进化的时间成正比，至少对那些不受自然选择影响的分子区域来说应是如此。如果它们的

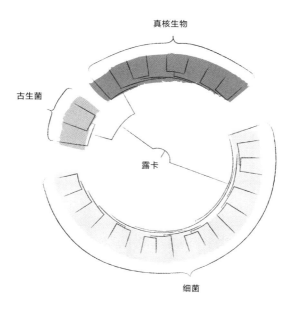

根据基因组构建的生物系统发育树

DNA 非常相似，就代表它们的共同祖先生活的时代离得很近（仍指地质学年代上的"很近"）。如果它们的DNA 差异很大，那是因为它们的共同祖先在很久以前就消失了。在通常情况下，由于化石的存在，我们多多少少可以测定出这个共同祖先生活的年代。即使我们不能确定这位祖先的确切身份，但至少也可以知道它生活在地球历史上的哪个时期。

通过这些数据，我们可以估算 DNA 的变化速度，例如每百万年的基因突变次数。这样，假如随着时间推移，突变率没有改变，就可以推断出不同物种出现的年代。因此，我们通过这种"分子钟"就能得知人和黑猩猩有着共同的祖先，它们生活在 600 万—800 万年前，这正好相当于那些已知最古老的非洲双足灵长类动物，如乍得沙赫人（图迈人）生活的时期。实际上，分子钟会随时间推移而变化，尤其是它在不同动物群体之间存在很大的差异，但分子钟一经校准，相较于古生物学的数据就非常准确了。

✿ 适应辐射

谈到"适应辐射"，我并不是指它的字面意思——对辐射的适应习惯！而是指一群亲缘相近的物种迅速出现的进化现象，而且它们拥有一个共同祖先，共享同一片环境资源。这种进化现象，特别容易出现在现代物种从未涉足的蛮荒之地，比如刚露出海面的新火山岛上，其原始动植物种类十分匮乏；或者，从整个地球的阶段来看，适应辐射常发生在大规模生物灭绝之后。同时，进化也使得开拓新生存环境变为可能，比如鸟类羽毛和翅膀的相继出现。适应辐射正是目前生物多样性的原因之一。

　　在达尔文阐述的所有例子中，最著名的要数加拉帕戈斯雀族（也叫"达尔文雀族"）。这些雀鸟在形态上大同小异，但种之间又有非常明显的区别，达尔文写道："当我们在一小群特别近似的鸟中，观察其形态构造的渐变性和多样性，就可以确实地猜想，因为该群岛上原始鸟类种群稀少，某种鸟类为达到不同目的（适应不同环境）而不断进化。"由于这段话的写作时间是1839年，所以表达还有些含混不清。尽管达尔文此时还未构建他的理论体系，但是我们可以发现，他心中已经萌生了从一个共同祖先形成不同物种的概念。

　　目前看来，这个祖先应该近似于暗色草雀。在约200万年前，这种原本生活在南美洲大陆上的小麻雀，很可能有几只被带到了加拉帕戈斯群岛。这些雀类（或地雀）已知13种，它们的体形大小、羽毛、鸟喙大小和食性都有所不同。通过对这些鸟类的解剖学研

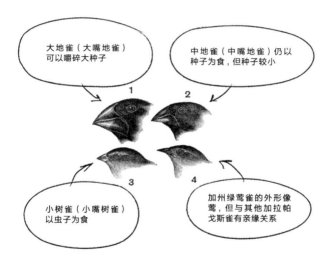

大地雀（大嘴地雀）可以嚼碎大种子

中地雀（中嘴地雀）仍以种子为食，但种子较小

小树雀（小嘴树雀）以虫子为食

加州绿莺雀的外形像莺，但与其他加拉帕戈斯雀有亲缘关系

达尔文雀族

究和 DNA 分析，物种之间的关系已经明确。彼得·格
兰特和罗斯玛丽·格兰特夫妇对其中一个岛屿进行了
长达 30 年的研究，结果阐明了环境条件如何迅速影响
鸟类喙的大小。经过一场干旱，植被严重枯萎，只剩下
种子大的植物，抗旱性较强。约 85% 的雀鸟死于饥饿。
但幸存下来的种群的特点是：平均鸟喙大小比原种群
高。换句话说，自然选择起到了决定性的作用，特别是
淘汰了那些喙太小而无法进食的个体。鸟喙的大小受
一个重要的颌骨基因的影响，该基因在发育过程中的
不同时期会有不同的活跃程度。如果这个基因早一点
被激活，个体的鸟喙会更大。因此，当生活条件发生变
化时，一个简单的发育时间差就会对个体的生存起到
一定的作用。自此，达尔文雀族的适应辐射进化史已
被人们熟知。

在其他环境中也观察到了物种的快速多样化进化

现象，例如在一些非洲大湖中。这些湖泊形成后，每一个都被属于慈鲷科鱼类的罗非鱼占领。在维多利亚湖中，有500多个物种被认为在不到1.5万年的时间里从同一个物种进化而来！另一个同样被深入研究的例子是安乐蜥，即加勒比海的蜥蜴，已知有400种，其中150种生活在安的列斯群岛上。这些蜥蜴（实际亲缘关系更接近鬣蜥）以昆虫为食，有时也以果子为食。

根据人们对这种蜥蜴的专门研究，岛屿上的所有物种都是几千万年前到达群岛的两个大陆物种的后裔。渐渐地，它们穿过分隔岛屿的海峡，安乐蜥占据了所有岛屿，在每个岛屿上都进化出了新的物种，它们大小不一，适应了树上不同位置的干湿度或光照强度。因此，它们占据了不同的"生态位"，这使得它们可以非常完整地利用生存空间，同时减少物种之间的竞争。

La révolution
moléculaire

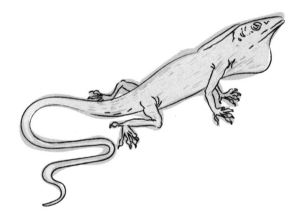

安乐蜥

🐾 红皇后和宫廷小丑

童话作家刘易斯·卡罗尔在《爱丽丝镜中奇遇记》（《爱丽丝漫游奇境记》的续集）中描写了这样一幕——红皇后跑到女主人公爱丽丝的前面说："在这里，必须拼尽全力奔跑，才能留在原地！"因为主人公周围的景色变换非常快。

对于生物学家来说，这个情节正好可以用来类比共同进化的某些形式，即物种之间——联系、相互影响的进化模式，例如捕食动物和被捕食动物，或者寄生虫和宿主。在这些"对应关系"中，宿主或被捕动物通过进化，防御能力得到加强，但与此同时，寄生虫或捕食动物也会进化出更厉害的反击武器。就像爱丽丝和红皇后一样，物种必须不断进化，以应对其"伙伴"的进化。近似于军事上"军备竞赛"的概念，使各国总是将越来越多的资源用于国防。

对另一些研究者来说，在物种进化过程中，环境的物理条件（气候、火山、海平面的变化等）比上述现象发挥了更重要的作用。他们的主要论据是，史上多次生物大灭绝事件后，随之而来的是生物多样化蓬勃发展时期。该理论被称为"宫廷小丑"假说，其名称的由来就是周遭环境的不可预知性。一些古生物学家认为，以上两种理论应互为补充。第一种理论适用于物种层面，而第二种理论则适用于整个动物类群，比如科或者属。

事实上看来，在基因、个体、物种或生物类群等不同的生物学层面，进化的模式并不相同。即使我们只考虑亲缘相近的两个物种或两个个体对同一资源的竞争，其机制也不尽相同。这就是为什么我们会对同一物种的两性关系感兴趣的原因。事实上，如果说自然选择有利于某些个体较同类更易繁衍后代，这也是出于我们在两性之间观察到的情况。在大多数动物物种中，雄性产生的精子远远多于雌性产生的卵细胞。能够受精更多卵细胞的雄性将比受精较少的雄性具有优势。但在雌性方面，竞争将更多地体现在卵细胞的质量上，以及对雄性配偶的选择上。因此，雄性和雌性的策略是矛盾的。这又体现了共同进化的概念，但是是在同一物种内部的共同进化！

毫无疑问孕育后代需要父母双方，一男一女、一雄一雌。然而，有性生殖存在的深层原因仍然是模糊不清的，因为无论是在细胞层面还是在动物行为中，有性生殖都是一种极其复杂的机制。对所有生物而言，有性生殖的成本是高昂的！一些生物学家认为，生殖的复杂性带来的优点是由此产生的遗传多样性，这种多样性对于有效抵抗各种寄生虫（占所有动物物种的

近一半！）是必不可少的。这里再次用到了红皇后的
说法！

🦀 自私的基因？

也许是因为借助 DNA，我们可以直接触及进化的
源头，因此某些进化论学者认为他们研究的真正对象
是基因而不是个体。

这是英国生物学家理查德·道金斯（1941—　）在
1976 年出版的著作《自私的基因》中阐明的立场："我
们生来都是生存机器，是为了保存延续一种名为基因
的自私分子而被编程的机器人。"换句话说，所有生物
都是基因为了其自身复制繁衍生存而开发制造出来的
工具。"为了"一词并不代表这是基因的"意愿"：自

然选择可能有利于那些拥有最强大、最高效生存机器的基因的自我复制。这已经不再是哪些个体生存和繁殖的问题，而是哪些基因能代代相传的问题。

这种十分简单化的观点，遭到了科学界的强烈批评，尤其是由于自然选择明显是在个体层面而不是在基因层面发挥作用。每一个个体都是整个基因组的表达，每个基因都会受到其他基因的影响，分子竞争确实以某种方式存在。但是这种看待进化的方式，也带来了一些有趣的成果，例如，在"亲缘关系选择"方面，在工蚁和兵蚁没有一丝希望将自己的基因传给后代的前提下，很难理解是什么驱使这些蚂蚁去照顾它们的蚁后或蚁穴，因为蚁群中只有唯一的个体具有繁殖能力：蚁后。

但如果从基因角度看就截然不同了。由于蚂蚁的遗传特性，每个个体与其他雌蚁平均共享了3/4的相同基因。这种"牺牲"，其实比抚育自己的后代更有助于整体基因的延续。这是因为由一方抚育后代，只会保护自己一半的基因（另一半基因来自双亲中的另一方）。这也可以解释为什么在某些动物社会中，个体会表现出一定的利他主义（彼此分享食物，在捕食者现身时发出警报等），因为它们之间往往有着亲缘关系，尽管不如昆虫社会中的亲缘关系那么紧密。在社会性物种中，能让个体互相帮助的基因更具有优势，会比让个体互相对立的基因传播得更快！

矛盾的是，只关注自身延续的"自私的"基因，却会促使利他行为的产生，单纯地由于利他行为而受到自然选择的青睐。这也是达尔文关于人类的看法。

因此，从分子的层面分析进化，我们才能解释许多物种中存在的"杀婴"行为，尽管这种行为对

人类的道德源于动物的社会本能，其中就包括利他主义；人类和低级动物一样，这些本能是由自然选择塑造的。
——查尔斯·达尔文，1871年

我们来说在道德上难以接受（但自然界既不是"道德"的，也不是"不道德"的）。当一只雄狒狒成为群体首领时，它就会杀死其他雄性的幼崽，在狮子、黑猩猩和各种啮齿类动物中也存在这种行为。这一点我们可以理解为，是它们为了消灭前雄性首领的幼崽，让雌性再次发情，共同繁育自己的后代，以减少自己后代的潜在竞争者。我们也可以从基因的角度来分析，这样做的好处是避免动物自身意愿的任何干预。新的优势雄性基因完全取代前一个雄性的基因，让自己的基因在种群中的占有率上升。杀婴的倾向据说也是可以遗传的，因为那些会"杀婴"的狮子，能够发现自己的基因在传播；而"宅心仁厚"的狮子留下的幼崽较少，因此自己的基因占有率也较低。这种行为在一夫一妻制的物种中要罕见得多。或者相反，如果雌性与多个雄性繁殖后代，那么雄性就无法识别出它们的幼崽和其他雄性的幼崽：倭黑猩猩就没有杀婴行为！然而，这类解释建立的前提是，假设这些行为是由基因决定的，而这一点仍未得到证实。

这已经刻进了 DNA 里

社会行为遗传学，秉持行为由进化塑造的观点，由生物学家爱德华·威尔逊（1929—　）提出并推广。他于1975年出版著作《关于所有动物社会行为的生物学基础的系统研究》（简称《社会生物学》），这个书名会让人联想到新达尔文主义。威尔逊对动物（特别是蚂蚁、蜜蜂等昆虫）的社会行为非常感兴趣，同时还热衷研究人类社会。当时，他被指责为"鼓吹生物决定论，淡化人类进化中的文化因素，没有检查他所分析的行为是在真实自然环境中受到自然选择的影响，还是仅仅停留在理论层面"。某些社会生物学的研究还涉及富有争议的领域,如可能存在的"同性恋基因"或"智商遗传学"。

如今,这些有争议的观点几乎已经消失,社会生物学也已成为"行为生态学"的正式分支。关于动物和人类的行为是否出自对环境条件的适应(受自然选择影响)的研究十分普遍。这也是承认人类是进化产物的一种自我认知的方式。企图在自然与文化、基因与环境、先天与后天之间划分界限的一刀切观点,几乎已经失去了意义。

与此同时,"基因程序"的概念在社会上广为流传。很多人认为,基因组合成了一种施工图,我们只要看一眼基因的程序图,就足以构想出个体情况,因为基因决定着个体发育。在探寻影响最小解剖结构和最小行为方式的基因的过程中,我们会觉得基因决定了自己的一切。这种奇怪的想法，似乎已经进入了我们的日常语言：当谈到人的优缺点时，我们会说"这已经刻进了他的 DNA 里"。这种说法，已经取代了过去流行的说法："这已经融入了他的血液里"。

实际上，一个基因并不是一个简单的、细胞能完全执行的"指令"。一方面，基因不会是单独存在的，而是与成千上万的其他分子相关联的，应该考虑它们的整体效用。另一方面，在发育过程中，有多种因素介入、调节或左右着基因发挥作用：既包括胚胎环境，也包括正在分裂的新细胞与已生成细胞的相互作用。当两个同卵双胞胎（基因库相同）还在母亲子宫里的时候，由于他们的发育环境并不完全一样，就已经开始形成差异。出于这种原因，或者由于基因表达总会细微地因人而异，每个人都有着独一无二的指纹。同样，我们没有理由相信一个人的鼻子、耳朵的形状完全受基因的控制（尽管有些特征，如耳垂的形状，确实与特定基因有关）。因此，应该摒弃基因的"程序"这一比喻，这种说法既过于简单又含糊，还会让我们觉得是不是真有一个"程序员"和一套"程序"在操控我们的进化过程。

🌸 设计师基因

　　通过对蛋白质和 DNA 的详细分析，我们可以了解某一物种如何在保持原有特征不减少的前提下获得新的特征。因为，如果一个基因突变了，那它可能会失去原始的功能，这种演绎推论的结果可不太妙。但人们发现，很多基因是重复存在的，它们依次地复制了好几份。在这种情况下，其中一份基因可以积累突变，而另一份仍在发挥作用。这就解释了几种视觉色素的同时产生为什么让我们看到不同的色彩，或者为什么人在胎儿期和出生后会先后形成不同的血红蛋白。

在对达尔文自然选择学说的口诛笔伐中，有一种观点尤为重要。人们很容易接受物种确实经历着微小的变化：毛皮或羽毛颜色变化、个体大小变化，甚至是某一器官逐渐退化消失。但是，盛行的渐变论却无法解释全新的器官和结构出现的原因。

自 20 世纪 80 年代以来，发育基因的发现，刷新了我们对基因突变的影响的认识。事实上，某些基因在个体发育之初就参与其中，而且对个体结构起着决定性的作用。尤其是发育基因，其决定了胚胎的前与后、背部与腹部的位置，因此它们也被称为"设计师基因"。

同源基因也在某些器官重复生长及其分化过程中发挥着作用（如昆虫的腹节或脊椎动物多根肋骨的形成）。这一丢丢的基因变化，会在胚胎中产生巨大的影响，例如，会造成昆虫在触角的位置长出足。如今，这类基因变异常表现为胎儿畸形，更多时候表现为死胎或夭折；但如果发生在相对简单的生物体中，结果可能是出现彼此差异很大的可存活个体。在5.4亿年前的寒武纪早期，可能就出现了这种情况。

当时的物种数量有限，要应对的天敌极少，且拥有丰富的食物资源。此外，它们的基因组也可能比较简单。影响胚胎发育早期阶段的突变导致了各种各样的结构的出现，其中一些结构显然更有优势，而另一些结构则被淘汰或以某种偶然的方式存活下来。

可以想象，在一个竞争压力比今天小得多的环境下，所有的突变都有机会实现！哪怕是长相最奇怪的动物，只要它们能活着，就能在物竞天择中脱颖而出。从这种多样性当中，出现了一些大的生物门类，即现在大多数生物物种的祖先。因此，昆虫和哺乳动物拥有共同的设计师基因，它们源于生活在那个年代的共同祖先。

此后，只会出现已有的主旋律的变奏曲。某些结构，如脊椎动物或软体动物的结构，已被证明将进化出非常多样化的变异形式。但这种进化将比古生物学家所描述的"寒武纪生命大爆发"缓慢得多。

🦀 基因转移

有时，两个截然不同的有机体（如真菌和动物）有着一些非常相似的基因，但这些基因在大多数相邻的物种中是不存在的，因此显然不是遗传自共同的祖先。人们把这种相似性解释为"基因平行转移"，即基因通过食物或病毒等非遗传途径进行的传播，该现象可能发生在这两个物种中一个的直系祖先身上。一旦这些基因被整合到新的基因组中,它们就变得跟其他所有基因一样,共同发挥作用,并代代相传。

在细菌和古生菌(古生菌是一特殊的单细胞细菌,多生活在极端的生态环境下)身上经常能观察到这种情况,它们可以交换DNA,甚至从周围环境中获取DNA。在它们当中,基因水平转移可涉及多达80%的基因组,从而为这些有机体带来经过自然选择的分子工具,使它们能拓宽食物来源或对抗抗生素。因此,这些有利的突变在不同物种之间迅速传播,有时是通过交换DNA片段,有时是直接从飘浮在其生存环境中的死亡细菌中获取DNA链。

这种情况在真核生物(由真核细胞构成的生物),如真菌、植物和动物中不太常见,但生物学家经常发现一些新现象。豌豆蚜虫一般是绿色的,也有些个体是橙红色的。这种颜色来自色素,即类胡萝卜素,这得

**La révolution
moléculaire**

益于一种特殊的基因：蚜虫自己生产出了独特的颜色。这个基因在所有蚜虫的相近物种中都不存在，但与几种霉菌（如卷枝毛霉或米曲霉）所携带的基因极为相似。人们推测，这个基因也许是在几千万年前，通过寄生真菌或蚜虫的食物转移给了蚜虫。为什么这个基因被保留了下来？这是因为它对蚜虫有用：黄蜂选择寄生在绿蚜体内产卵，却不在红色的蚜虫体内寄生；反之，红蚜则更多地受到瓢虫的攻击。就是在这种双重自然选择的压力之下，蚜虫维持了种群的多态性。

最近20多年，关于基因平行（或横向）转移的研究呈现爆炸式的增长。因此，虽然基因组的流动性比人们料想的要更强，但对平行转移的发生频率还存在诸多争议。例如，在人类基因组中曾发现的数百个例子，现在都有了争议；但基因平行转移在微生物当中的重要作用，改变了我们对其进化的思考。事实上，当基因交换后，这些基因的谱系史就跟其原有物种谱系史不同了。对细菌来说，进化的树状模型有些不够用了，因为无论是较远还是相近的分支之间，都可以形成联系。由于有了横向的关联，通过简单分支构建的进化树变成一种网状结构。然而，即使性状的遗传方式被改变了，但生物仍会受到自然选择的影响！

5

Les
faux amis
de
Darwin

一

达尔文的假朋友

自《物种起源》出版以来，人们对达尔文思想的认识一直存在误解和歪曲。如果只遭到了误解，还不算什么，达尔文所提出的理论完全违背了当时的意识形态。除了拒绝接受进化论，自然选择理论还引起了人们的坚决抵制，这些多出于宗教或哲学立场（从超自由主义到优生学），而不是出于科学原因。

**Les faux amis
de Darwin**

🦀 缺失的环节

1859 年，古生物学刚刚诞生不久，出土的化石尚无法描绘当今物种祖先的全景，而且即使有看似合适的化石，但仍旧缺失一些中间物种。这些假设的生物形态被称为"缺失的环节"，例如，猿类化石与人类之间缺失的环节。进化论的反对者则抓住这些缺失不放，他们断言，只有找到这些缺失的环节，进化论才能获得可靠的验证。然而，在 1861 年，人类出土了第一只始祖鸟的化石，这种显然与恐龙密切相关的古代鸟类，让达尔文发现了鸟类与爬行动物之间的过渡形态。1869 年，他将始祖鸟加入《物种起源》第 5 版中，作为给质疑者的具体答复，而他在该书每次再版时都会这样做。

随后，古生物学家发现了更多的"缺失的环节"。因此，鲸在 19 世纪成为一个真正的难题：陆生四足动物与现存鲸类之间的解剖结构发生了深刻变化，我们怎么能想象两者之间的过渡生物？最终，验证这些预言的化石，于20世纪末在巴基斯坦出土。巴基鲸和走鲸都是生活在距今5000万年前的四足动物，前者拥有两栖生活方式（类似水獭），而后者则更倾向于水生生物（走鲸的拉丁学名意为"行走的鲸鱼"）。它们的头骨都具有鲸类化石的典型结构，例如牙齿或内耳的骨头。尽管它们都不是现代鲸类的直接祖先，但令人信服地描绘了陆生哺乳动物逐渐适应海洋环境的图景。由于有蹄，所以它们与偶蹄动物（例如，猪和其他反刍动物）的祖先也很接近。如今，这种血缘关系已通过DNA得到证实，鲸类动物与鲸偶蹄目中的偶蹄动物相关，后者是牛、鹿和海豚的共同祖先。而1966年出土的艾什欧鲸，让人能想象出带齿鲸科动物是如何演变成须鲸的，因为其颌骨上既有牙齿，也有明显的鲸须痕迹。

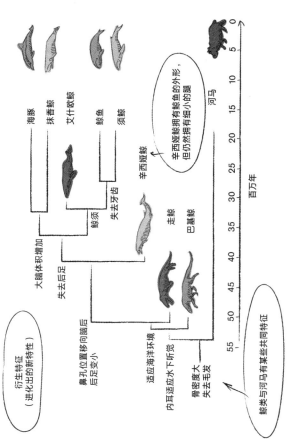

衍生特征
（进化出的新特性）

大脑体积增加

失去后足

鼻孔位置移向脑后
后足变小

适应海洋环境

内耳适应水下听觉

骨密度大
失去毛发

海豚 抹香鲸 艾什欧鲸 鲸鱼 须鲸

鲸须 失去牙齿

辛西娅鲸

走鲸 巴基鲸

河马

辛西娅鲸拥有鲸鱼的外形，
但仍然拥有细小的腿

鲸类与河马有某些共同特征

百万年

鲸目动物进化树

　　达尔文并不了解当时少数已知猿类化石与现代人类之间的过渡生物形态。直到他逝世后，人们才发现直立人，接着发现了能人、图根原人、弗洛勒斯人、地猿、乍得沙赫人，以及南方古猿和傍人……目前，这幅复杂的进化图中仍旧缺少某些"过渡生物"（例如黑猩猩和人类的共同祖先），但如今的古人类学家要面对的物种过多，以至于在这棵代表人类起源以及所有古代和现代人科动物起源的繁茂进化树上难以定位它们。

　　如今，"缺失的一环"这个概念早已过时：一方面，进化并不是线性的过程，而是有许多并列的分支；另一方面，化石化是一种罕见的现象，有太多太多的物种在灭绝时未留下任何遗迹，因此，过渡生物形态必定会有缺失。尽管进化过程常是缓慢、渐进的，但有时也是迅速的、突然的，这就进一步降低了某些"过渡生物"个体顺利成为化石的概率。

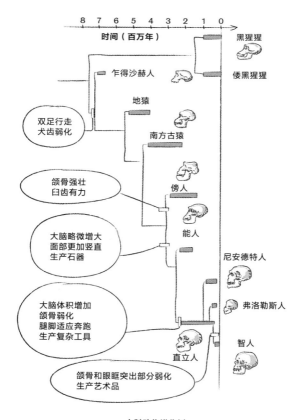

人科动物进化树

🐚 关于进步的争论

　　19世纪，许多博物学家仍会参考"生物阶层"，即从最低下到最复杂的动物分类体系，其顶端必然由人类占据。随着动物学知识的积累，生物阶层逐渐产生分支，因为似乎很难以线性的方式归纳所有动物。但是，仍然存在这种观念，即大自然是由从最简单到最精细的生物组成的，无论这反映的是神造万物的计划还是进化的结果。

　　像拉马克这样的早期进化论者保留了带有分支的生物阶层模式，他们认为进化总是趋向更为复杂。因此对他们而言，进化是"进步"的同义词，即动物是不断完善的。达尔文最著名的贡献之一就是摒弃了这一教条。对他而言，进化仅仅是物种适应其环境条件的过程，而并非变

深思熟虑后，我仍旧坚信：自然界不存在任何进步的倾向。
——查尔斯·达尔文，1873年

得复杂。

北极熊是从适应了北极环境的棕熊（美国灰熊）进化而来的，但这是否意味着北极熊比棕熊"进化程度更高"？北极熊确实个头略大，游泳更厉害，也更善于捕捉海豹。棕熊是杂食动物，因此食谱范围更加广泛，而且更善于捕捉鲑鱼。实际上，这两个物种是同时进化的，即便是今天的棕熊也与它们的共同祖先不完全一样。同样，壁虎是否比霸王龙"进化程度更高"，就因为壁虎的进化时间更长（长了近6500万年）？实际上，对生活条件的适应并不意味着"进步"，这仅仅意味着在变化的环境中能够更好地生存或更有效地繁殖。

尽管如此，有时会在解剖结构或生理特性上出现创新（新特性），以此为进化提供新的空间。例如，原始爬行动物的卵使其摆脱了水生环境。因为，即使爬行动物的祖先两栖动物业已获得陆地上的习性，但它们在产卵时不得不回到水中，即原始环境中。3.1亿年前，最早出现的有蛋壳保护的卵令一些四足动物脱离了水生环境，并使它们拥有了广阔领地。

但将进化与进步一概而论还有一个更大的问题。在进化过程中，物种似乎反而会退步，还原成最简单的形式。许多寄生虫的情况便是如此，成年寄生虫缺乏感觉器官、消化道和神经中枢，不过是性细胞的集合。同时，进化还令蜥蜴失去爪子，鸟类失去翅膀，鱼类失去视觉，这样的进化还算"进步"吗？实际上，这既不是进步也不是退步，而仅是以令人惊奇的方式适应了特定的生活模式。

社会达尔文主义

达尔文《物种起源》的法语译本于1862年首版，

标题被改成《物种起源或生物组织进化论》，首任译者
克莱蒙斯·罗耶认为这本书是"自由党和进步主义者
手中的有力武器"，用以对抗教会的愚昧思想。在为
此书写的长序的结尾，她发自肺腑地喊道："我相信进
步。"但是，她所说的"进步"，实际上是摒弃天主教和
社会上的平均主义风气，因为她认为，教会和一些人允
许"思想邪恶、身体娇弱的生物，凌驾于那些在思想和
身体上天赋异禀的生物"。她以为，自然选择应该应用
于人类社会。因此，她在现实中也鼓吹"社会达尔文
主义"和残酷的优生计划。

达尔文在收到译稿后，对罗耶如此肆意地发表个
人意见感到惊讶和不悦。在第2版中，罗耶还擅自修改
了书名，并删除了作者对优生学的
引用。1869年，在第5次修订增补
时，达尔文邀请了让-雅克·穆里

人类从没有尾巴和尖耳朵的多
毛哺乳动物进化而来，这种哺
乳动物多半生活在树上，居于
原始的世界中。
——查尔斯·达尔文，1871年

涅重新翻译。前一个译者不仅让著作内容偏向了拉马克主义，还将自然选择塞给了人类社会，这也与达尔文的本意相去甚远。

前面提到，达尔文的祖父伊拉斯谟·达尔文是一名医生，也是博物学家、诗人，他在几本流露其进化思想的著作中展现了自己后两种身份的特质。这位思想自由的共济会成员，支持美国独立和法国大革命。伊拉斯谟的挚友约书亚·韦奇伍德是一家陶瓷厂的老板，也是查尔斯·达尔文（及其妻子）的外祖父。他是废奴主义者，曾制作过一枚宣传废除奴隶制的纪念章。达尔文的母亲在他 8 岁时即去世，但两家人的关系依然十分亲密。因此，达尔文得以在英国工业资产阶级中那种相对开明、不因循守旧的良好环境中长大。

达尔文从未亲身经历过 19 世

> **若贫穷人的苦难并非源自自然法则，而归咎于我们的制度，那我们就大错特错了。**
> **——查尔斯·达尔文，1845 年**

纪英国社会的苦难。纺织业和采矿业的飞速发展，建立在工人微薄的薪水和对8岁以上儿童的剥削之上。在维多利亚时代，英国的财富还来自殖民地，在废除了奴隶制后，取而代之的是统治和蔑视当地人的殖民资本主义。在"贝格尔号"的航行中，达尔文在巴西见到了仍处于奴隶制的社会，由于他的废奴主义立场，他与费茨罗伊舰长发生了激烈的争执。但达尔文并未摒弃其社会阶层的所有偏见，他仍坚信英国文明的优越性。在阿根廷巴塔哥尼亚地区度过的漫长的几个月中，他对火地岛的美洲印第安人的生活方式大为惊奇。回国后，得益于丰厚的私人财产，达尔文得以过上舒适的生活，并全身心投入研究。终其一生，他的政治思想始终与人们常赋予他的"社会达尔文主义"观点大相径庭。

达尔文的某些假朋友也是造成这种误解的原因之一。托马斯·赫胥黎与达尔文走得最近，他在1888年出版的《进化论和伦理学》(即《天演论》)中附和了达尔文的观点，认为自然选择不能作为道德评价的基础。但是，哲学家和社会学家赫伯特·斯宾塞引用达尔文的思想来支持自己的观点。斯宾塞认为，自然选择必须完全应用于人类。国家尤其不应以弥补这种选择中可能产生的不良后果为名而加以干预，因为竞争只会改善社会的整体。

　　不幸的是，这种"伪达尔文主义"不仅贬低了进化论，将其简化为"生存的斗争"，而且无缘无故将其扩展到人类社会，并在政治界流传开来，为超自由主义思想提供论据。实际上，这种扭曲可能还令达尔文主义在英国资产阶级和其他欧洲国家中日益流行。因此，阿尔丰斯·都德在他的戏剧《生存斗争》(1889)中使用了"弱肉强食论者"这个新名词。最终，这个词甚至被法国的辞典收录，其定义是"将'生存斗争'的极端理论，即弱肉强食理论，付诸实践的人"。尽管达尔文曾警告读者不要滥用他的理论，却事与愿违。

他特别解释道，在我们的原始祖先中，自然选择无疑偏向利他行为，因为在我们的祖先所面临的多

> 即使是在最理智的情况下，我们若克制自己行善，便是亵渎了人性中最高尚的部分……
> ——查尔斯·达尔文，1871年

种危险之下，利他行为捍卫了种群的安全。他认为，自然选择为人类物种发展"社会性本能做出了贡献，而社会性本能是发展道德观的基础"，虽然"人性最高级的部分还受到了其他更显著的影响"。

🦀 达尔文与优生学

社会达尔文主义对优生学思想的传播也起到了推波助澜的作用。优生学不是在社会中任由"自然"进行选择，而是必须通过消除"负面"因素来支持自然选

择。达尔文的表亲弗朗西斯·高尔顿是早期优生主义的倡导者之一，他指的是不同的社会阶层，但其思想被放大到了不同的民族，明显就是为了"改善人类种族"，这个计划对于英法两国而言可不是什么新鲜事。

　　自18世纪以来，众多医生提倡在选择配偶和生育方面采取一定干预措施，以保护和改善人口健康。如果说他们崇高的观点还有些质朴，那么优生学很快便露出獠牙，并最终在20世纪30年代的纳粹法律中达到顶峰。可是，将这些观点归咎于达尔文是完全错误的，例如，反进化论人士哈伦·叶海亚在他的网站上宣称："总而言之，达尔文是种族主义之父。更早期的亚瑟·戈宾诺等种族主义的始作俑者反复引用和评论达尔文的理论。"事实上，戈宾诺在1853年发表的《人种不平等论》一文中，虽然声称自己是"因达尔文而享有盛名"的选择论创始人，但他也公开讽刺进化论："我认为雅各宾派及其同党很可能就是猴子的后代。他们就是这样自称的，这是血缘的证词。"

相反，达尔文认为，善才是人类的本性之一："我们感到必须对不幸者予以帮助，主要是人性本善在起作用，这源自我们的社会性本能，但后来……这变得更加感性和普遍。即使是在最理智的情况下，我们若克己行善，便是亵渎了人性中最高尚的部分……因此，我们必须承担保护弱者及其繁衍所必然产生的不良后果。"

6

Le darwinisme, c'est un scandale!

一

难以被接受的达尔文

尽管达尔文只想做科研，然而他却常常面对哲学和宗教的质问。约200年后，他的反对者仍旧激烈（而且不科学）地驳斥达尔文主义。

近40年来所有的调查均显示，有近半数的美国公民拒绝承认"人类由动物进化而来"的观点。虽然进化论被众多国家所接受，进入课本，但在另一些国家，进化论仍无法被人接受，这主要是出于宗教原因，而且反对者提出的论据从《物种起源》出版以来几乎从未改变。

🦀 狭隘的范畴

从文艺复兴开始，博物学家们便开始以崭新的视角审视大自然，他们从古代作家的著作开始研究，但并不满足于此。可是，无论如何也不能超出神学教条的固有范畴，尤其不能超出《创世纪》中记载的两大传说事件：神在6天内创造宇宙众生，以及后来有了持续40天、淹没了各大洲的一场大洪水。神学家则根据其中记载的系谱，推断出这些事件发生的时间。比如，主教詹姆斯·乌雪（1581—1656）计算得出结论：地球是在公元前4004年10月23日的前夜被创造的！因此，化石被认为是在传说的大洪水期间遇难动物的遗体。这样便能解释为什么在全球最高峰上会有海洋动物的贝壳。并且，神学家认为那些背离教条的人会因此自取灭亡，例如质疑地心说的布鲁诺或提出人类起源说的朱利奥·塞萨里·凡尼尼。

18世纪末，许多博物学家不再满足于狭隘的神学理论。一些令人费解的事实需要自然理论而非宗教理论的解释。为什么有的动物拥有与人类一样的生理结构？只有在化石中才出现的物种身上到底发生了什么？从山脉的侵蚀或巨型沉积岩的堆积中是否能够推测出地球其实要更加古老？布冯通过冷却金属球的实验推测地球的年龄超过1000万年，可为了避免教会找麻烦，他将该数字缩短为7.4万年。

在19世纪初的英国社会中，对宗教亵渎或异端的罪名不再处以火刑，但《圣经》仍是诠释地球历史的权威，而且，天主教看重的是神话故事的象征意义，相反，英国国教则看重经典的字面意思。尽管那时的进化论还是可以公开讨论的话题，但对于当时社会上的多数人而言，进化论，尤其对于我们人类的意义，仍十分令人震惊。达尔文在出版《物种起源》之前犹豫了很多年，部分是因为他想确保有足够论据来支撑自己的观点，但还因为他知道这不仅将在科学界，而且将在整个知识界引起轩然大波。

果然如他所料，但进化论并非达尔文思想中最令人难以接受的部分。达尔文的反对者认为，承认自然选择定律就等于否定上天原本是有计划的。这就等同于认为没有天意，甚至根本没有上帝！

被误解的偶然性

　　我们都喜欢事出有因，讨厌猝不及防的意外，这估计就是远古占星术发展的一个原因，可能也是进化论中的偶然性如此不被众人理解的原因！

　　许多人认为，若生命史的进程缺乏目标，那就意味着一切皆偶然。诚然，偶然性不能作为物种出现和当今生物多样性的唯一原因。但自然选择的含义并非如此。进化的偶然并非纯粹的偶然，而是各种随机事件和特定条件的结合产物。

　　必须首先考虑突变的偶然性，突变既不是环境决定的，也不是想要适应环境的个体"意愿"决定的。如果说突变纯属偶然，那就代表我们对 DNA 上发生突变的位置一无所知，而且对突变所产生的后果毫无预见性。还有一种偶然会直接影响种群，例如，由于自然灾

**Le darwinisme,
c'est un scandale !**

害等与自然选择无关的原因，导致某些基因的携带者死亡，使这些基因彻底消失。

但是，个体所受到的环境约束，通常具有以下特点：必须抵抗严寒（或高温），抵御掠食者和寄生虫，而且还必须找到配偶并繁殖。这些环境约束如此之大，以至于在进化史中，原本差异很大的动物有时会进化出类似的形态，例如海豚和鲨鱼。前者是哺乳动物，后者属于软骨鱼。这种现象被称为趋同性，在动物界十分常见，这足以表明，对相同环境的适应可以左右进化中的偶然性。

相反，进化有时是难以预测的：大型食草类哺乳动物通常是四足动物（如鹿或羚羊），但在澳大利亚却是跳跃的两足动物（袋鼠）。在这种情况下，进化带来了两种截然不同的形态，这可能源自被隔离在澳大利亚大陆上的初始物种的身体结构，但也许是其他原因。

由于导致袋鼠出现的确切环境链过于复杂（而且大部分未知），因此也可以归为一种偶然性！

最后，有些事件在进化过程中发挥了关键作用，在当时这是完全无法预见的。若小行星未导致恐龙的灭绝，哺乳动物难道还会有后来的多样性？灵长类动物中的猿类难道还会发展成人类？这样一来，6500万年前的小行星撞击，就成了我们人类出现的主因！整个生命史上充斥着离奇的事件，反复干预着进化进程，但我们却很难认可人类的存在正是基于这样的离奇事件。

自然神学

18世纪，航海家纷纷开始探索遥远的陆地，对动植物的细致研究描绘出生物界越发复杂的景象。在博物学家和哲学家看来，在广阔的大自然体系中，似乎一切生物的创造都具有明确的目的性。世上所有奇妙的生物及其非凡的组织结构都被视为有神论的证据。这种"自然神学"也赋予人类优越的地位，正如法国博物学家贝纳丹·德·圣比埃（1737—1814）所指出的："奶牛与大自然的普遍规律不同，一般来说，雌性动物乳头的数量与其幼崽的数量相匹配；尽管奶牛通常只会生一头小牛，个别的会生两头，但奶牛有4个乳头，因为其余两个多余的乳头是专门用来哺乳人类的。事实上，母猪一胎最多会生15只崽，但它们只有12个乳头。它们的乳头数量似乎不太够。可如果说前者的乳头数量多于哺育后代的需求量，而后者的乳头数量不足，那是因为前者必须将多出来的奶奉献给人类，而后者则是将多出来的幼崽奉献给人类。"

达尔文幽默地嘲讽这种观点："若创造美的事物仅仅是为了取悦人类，那我们就必须得证明，在人类出现

桑伯恩 绘

一幅关于达尔文的讽刺漫画（刊登于 1875 年的《笨趣》杂志）

以前，地球并没有那么美好。"更有甚者，某些观察结果令他怀疑上帝的存在："我无法相信，善良且无所不能的上帝创造了寄生姬蜂，并让姬蜂在活的毛毛虫体内产卵觅食；抑或让猫和老鼠一起玩耍。"

但另一个观点也引起了达尔文的重视——生物的复杂性。威廉·佩里（1743—1805）在1802年出版的《自然神学》一书中，以一块在海滩上发现的手表作为例子。他认为，在不了解这件东西来源的情况下，它的齿轮和运转的精确性，足以证明存在一个"伟大的钟表匠"，是他设计了手表，并赋予其精确的功能：显示时间。动物的生理机能要比手表复杂得多，因此它也必须是由更高级的存在设计和制造的，从而在自然界中拥有某项功能。

达尔文曾谈到过眼睛，佩里也将该器官作为例证："如果说是自然选择让眼睛拥有了无法被模仿的一切特性：可以调节焦距，调节进入眼球的光亮度，并矫正球差与色差，那么我认为，这种观点是极其荒谬的……理性告诉我们，事实也确实如此，如果能证明在简单、不完美的眼睛与复杂、完美的眼睛之间存在多个过渡阶段，且每个过渡阶段的眼睛对其主人都有利；此外，如果眼睛有时会产生变化，且这些变化可被遗传，事实也确实如此；最后，如果这些变化对动物所处的不断变化的环境有用，那么复杂且完美的眼睛源自自然选择这种观点，即便再无法想象，也是难以被人所接受的，这也令我们的理论产生一丝动摇。"

佩里认为，眼睛的出现并非偶然。他推断，眼睛是逐渐通过细微改变的积累所形成的，每跨出一步，都会产生少许优势。他提议在现存物种中寻找一切过渡阶段的眼睛，而这些物种确实存在！从某些细菌的光敏斑点到扇贝或水母的原始眼睛，直至章鱼或哺乳动物的复杂眼睛，可以从中发现不断增加的复杂性。

此外，与佩里的推断相反，人眼并非完美的器官。正如达尔文通过引用物理学家赫尔曼·冯·亥姆霍兹的话所强调的："如果眼镜店要卖给我有这么多缺陷的仪器，我肯定直接退货。"人类眼睛的不完美，恰好证明一点：它不是从头设计和制造出来的，而是在其发展史中的所有约束条件下，从过去可能的改进（而非人所希望的改进），一点点继承发展下来的。如今，眼睛进化的故事已更加为生物学家所熟知，并且他们还能对眼睛进化过程中的突变进行建模。

🌸 创造论与智慧设计论

创造论在某些国家至今仍旧盛行。在美国，共和党计划明确谈论创造论，而且驳斥进化论！保守主义者经常挑战生命史的教学，希望同时为学生教授"圣经理论"与进化论课本。为达到目的，创造论者曾提起多次诉讼，甚至还提出过这方面的法案。这些诉讼通常会在美国国内产生影响，但最终总会获得相同的结果：被驳回。因为，为了保障完全的信仰自由，美国宪法禁止一切宗教教育。不过，法官们一致认为这是一个信仰问题而非科学问题。

这个问题在美国一直比较敏感，而且创造论者背后有雄厚的资本支持。因此，他们在肯塔基州和得克萨斯州都建造了"造物博物馆"，每年接待数十万游客。人们在这些博物馆里会"发现"：地球原来只有6000年的历史，而且在恐龙被大洪水或猎人消灭前，人类曾与恐龙共存过。的确，美国人特别喜欢恐龙，所以将其编进《圣经》的故事也是理所当然的！

法国和日本就不一样了，在这两国，有近80％的

Le darwinisme,
c'est un scandale !

人确信我们人类是从动物进化来的。在欧洲，新教徒多认为《圣经》传说不能被解读成地球史，而天主教徒则早就放弃了这种观点。1996年，教宗若望保禄二世在教宗科学院面前公开承认："新的知识使我们认识到，进化论不仅仅是一种假设。因为，值得注意的是，随着各项知识领域的一系列发现，研究人员的内心逐渐接受了进化论。在没有任何预谋或倾向的前提下，彼此独立进行的研究结果逐渐趋同，该现象本身就构成了支持进化论的重要论据。"

创造论还得到了其他国家的支持。沙特阿拉伯也禁止教授进化论，但在其他国家，试图平衡科学与宗教的折中立场占主流。因此，在巴基斯坦，动物的进化论被普遍接受，承认其进化史跨越了数亿年；而人类则另当别论，必须与宗教文献的记载一致。达尔文主义常被视作唯物主义无神论者的宣传工具，并被斥为西方社会优生学和种族主义的起源。创造论在保守主义国家的网上极为流行，而进化论反而是十分敏感的话题，它既涉及典籍里关于人类起源的部分，又涉及了科学教育，因为科学教育的原则就是批判性和理性思考。

　　在法国，有时中学生或大学生会利用这些反达尔文主义的立场，以拒绝接受任何与其宗教相悖的进化论观点，因此他们是决不能听的！这种激进的创造论被用作政治宗教工具，

> 在科学上，"事实"只能表示"在某种程度上得到证实，即若当时不赞同便会显得反常"。苹果可以重新回到树上，但这种可能性不值得在物理课上花时间讨论。
> ——斯蒂芬·杰·古尔德，1994 年

常充斥着阴谋论，指责记者和科学家为了支持进化论而发明了化石！此外，进化论"只是一种理论"，因此人们可以正当地以任何个人或宗教理由进行反对。为了摆脱矛盾的观点，借用哲学思维可能是有用的，可以通过其他问题来为这场辩论指明方向。我们的知识是如何获得的？知识从何而来？如何区分信仰与知识？

什么是科学理论？

由于在我们的日常生活中和实验室中用的"理论"一词的含义不同，这种模糊性常被反进化论者拿来大做文章。在生活中我有一种"理论"，只代表我有一种观点："我关于通货膨胀、猫、外星人自有一套理论……"这些观点或许会得到证实，但也不一定。

在科学家那里，在生活中提出的想法并非理论，而是推论，甚至是假设，或许能通过观察或实验加以验证。科学理论远远不是一组假设。它是一组有条理而且连贯的命题，让人们能了解真实世界的某一部分。也就是说，板块构造理论解释了大陆的形态，构成海底板块的岩石年龄以及地球表面的火山分布。科学理论将观察、实验、经过证明的命题、待确认的假设等，在整体的逻辑框架下有机结合起来。另外，它还包括对尚待讨论的观点的研究方案，其中包括的实验可能会令人重新反思这些观点的某些方面，甚至可能彻底推翻整个观点。在天体物理学领域，爱因斯坦的相对论正是这样"淘汰"了牛顿的万有引力定律，同时为后者留下一个至今适用的领域。而且，现在没人会说"万有引力定律只是一种理论"……

　　大多数创造论的观点来自某种信仰，即某种无法验证的内在信念。相反，科学知识绝非简单的观点。每个假设，都必须通过实验加以证实或被证明无效。实验方法必须能被其他研究团队复制。

　　进化论不是"简单的假设"，因为它为古生物学、动物学、植物学、遗传学、胚胎学、分子生物学等若干科学学科提供了合理的、统一的概念框架。

**Le darwinisme,
c'est un scandale !**

在言论相对宽松的社会中，狭隘的创造论同样遭到严厉的谴责。它无视过去两边所有科学家所做的工作，而且表现出对科学方法和科学思想的明显无知。创造论经常受到新发现的冲击，无论是化石的年龄，还是细胞中的分子机制。创造论对所有理性观点视而不见，听而不闻，它对现实的否认如同认为"地球是平的"这种思想的拥护者一般顽固不化！然而，创造论内部却发生了分歧，因为某些创造论者不认为世上充满进化的证据是上帝的意愿。这些人也承认了科学成果的真实性，在他们的想象中，上帝创造了这个世界，而后经过漫长的进化过程，最终才产生了当今的无数生物，其中就包括人类，他们认为，这样更合乎逻辑。而这正是天主教和很多有信仰的科学家的立场。

人们对这种观点的解读却大相径庭。有些人将上帝的干预置于历史开端，例如在宇宙诞生之时，并坚持用科学知识解释后来发生的事。但其他人并未将这两个阶段一刀切，他们坚信进化受到了上帝的影响，并且还在持续影响。在美国，这种观点从20世纪80年代开始发展，被称为"智慧设计论"。该观点的倡导者在名称中刻意没有提到"上帝"，以便将其思想同进化论一样作为科学理论进行传授。事实上，智慧设计论乍一看很科学，支持该观点的人专门召开大会和发行刊物，并且经常与科学家展开辩论。

在我看来，生物组织多样性和自然选择行为就像风的方向一样，不是随意左右的。
——查尔斯·达尔文，1876年

　　智慧设计论的重要论据之一是"无法否认的生物复杂性"，这是威廉·佩里曾引用的论据。由于眼睛的例子已经过时，其他器官也被拿来充数，从放屁虫的消化系统到细菌的旋转分子，智慧设计论始终认为这些构造过于复杂，因而无法通过突变和自然选择得到构建。但是对每个例子，生物学家都已经能证明过渡形式可行而且实用，

**Le darwinisme,
c'est un scandale !**

因为它们确实存在于自然界中。

更深层的问题是智慧设计论的目的本身，尽管它企图占领科学的地盘，但仍游离于科学之外，其鼓吹者瞄准了一个明确目标——证明进化是神的杰作。然而，在原则上，科学无法为非物质现象提供解释。因此，科学显然无法证明进化过程中有无形之力的影响，也无法证明不存在这种影响。无论如何，科学都无法预见其想要证明的内容。出于以上原因，2005年"是否教授智慧设计论"一案的审理法官们明确表示，这就是一种宗教观点，而不是科学理论。

7

Demain, le darwinisme

一
达尔文主义的未来

达尔文主义是否已成为过时的理论和因循守旧的典型？我们在实验室中观察到的事实并非如此，达尔文提出的一些想法，仍能激发对新途径的探索。

如今，我们是否应该完全重新思考进化论？进化论自提出以来，便不断有重要补充，它是否还能被称为"达尔文主义"？这是2014年在《自然》期刊上提出的著名问题。答案并不简单，科研人员的意见也不一致。一些人，例如，法国的科学哲学家让·伽永认为，"达尔文主义的两个基本原则（遗传变异和自然选择）在应用范围上得到了扩展，在理论基础上得到了修正"，但它们依然属于达尔文主义。相反，其他人则认为应该建立以达尔文主义发展现象为中心的"广义综合"。

🦀 生机勃勃的进化论

"达尔文主义"一词由托马斯·赫胥黎在1860年提出，当时《物种起源》刚出版。在那个年代，达尔文主义一词代表了进化论的思想，因为那时还没有关于

"进化论"的讨论。在20世纪，人们更倾向于使用"新达尔文主义"这个术语，以此将遗传学和自然选择结合起来（见第3章）。此外，进化论并未保留达尔文的所有思想，例如，对后天获得性状的遗传，这是拉马克提出的，但达尔文经常承认存在这种遗传。同样，我们完全摒弃了"泛生论"，这是达尔文提出的有关性细胞形成的假说，用以解释遗传现象。

进化论如今仍生机勃勃，因为它是大多数生命科学界研究人员采用的理论框架。虽然对许多科研人员来说，进化论仅是一种背景信息，对实验没有直接影响，但进化本身仍是许多科学家的研究领域。自19世纪以来，科研人员的工作方法发生了巨变。在分子生物学的影响下，某些大学学科不复存在，例如比较解剖学或系统分类学，至少在一个方面——分类学——中确实如此。

然而，在动物的生存环境中观察，正在进行的进化过程仍继续发挥重要作用。因此，数十年来，自然选择一直是关于科隆群岛燕雀研究的主题（请参见第4章），同理，还有与世隔绝生活在苏格兰拉姆岛的鹿群的性选择。除了观察之外，实验还令某些假设得以验证，尤其是关于进化速度的假设。被引入美国佛罗里达州小岛上的安乐蜥，要面对已栖息于此的相邻物种。后者开始改变行为，移动到了安乐蜥无法到达的更高树枝上。在不到20代的时间里，该相邻物种的趾明显增大，以适应在更细的树枝上移动。另一种蜥蜴——壁蜥，于1971年被引入亚得里亚海的一座小岛。2004年，这些壁蜥的后代明显比其祖先的体积更大、行动更缓慢，它们变成了部分素食动物，在解剖学上，其肠道发生了适应变化。

> 我们放弃傲慢之时，达尔文主义革命终将结束……诚然，智人不过是昨日才在茂盛的生命之树上抽出的新芽。
> ——斯蒂芬·杰·古尔德，1996年

没有象牙的大象

在今天的非洲，我们观察到越来越多的大象没有象牙。这种变化与偷猎有关，因为偷猎的目的就是获得象牙。我们可以在媒体上读到这样的评论："大象失去象牙，以在偷猎中求生"，或者"研究人员警告，非洲大象可能通过遗传变异而天生没有象牙！"但研究人员显然并没有这么说！的确，这些言论表明，大象会因没有象牙而获益，为了"保护"它们免遭偷猎，可能出现这样的基因突变。这种"目的论"解释属于典型的拉马克主义，貌似一目了然，却是错误的。

这种现象其实是自然选择的一个例证（在这种情况下并非完全是自然的选择）。导致没有象牙的基因突变，已存在了很长时间，但发生此类突变的大象在日常生活中处于不利地位。因此，这种突变范围并不广。

如今，没有象牙的大象通常能免遭偷猎；而有象牙的大象则会被杀死，且留下的后代少之又少，没有象牙的大象从而得以生存并繁殖，将这种突变遗传给后代。因此，没有象牙的大象的比例迅速增加。在接下来几十年中，非洲象的生存可能会以失去象牙为代价。

这些野外实验通过对个体的 DNA 分析得到了系统的补充，以了解在基因层面上发生的进化。研究人员还对种群结构进行数学建模，同时借用博弈论的理念来分析动物的行为策略。因此，行为生态学已将进化科学完全整合到对生态系统动力学的分析当中。

在另一个领域，胚胎学中亦是如此，很长时间以来，胚胎学与进化论毫无瓜葛，但其中一个分支"进化发育生物学"则不然。器官由于基因表达的时间顺序变化而发生重大改变，这一例子证明了发育在物种进化中的重要性（请参见第4章雀的例子）。如今，进化发育生物学是进化科学中十分活跃的领域。

✿ 表观遗传学与拉马克主义的复兴

植物或动物体内的所有细胞（当然，也包括人类）基因相同。然而，每种生物都由截然不同的细胞组成：肌肉细胞、神经细胞、肠细胞、卵细胞或精子等。因此，被认为是DNA的"遗传程序"不足以确定细胞的形成。

细胞的分化不仅与细胞周围的环境有关，还与该细胞系或生物个体特异的基因表现有关。事实上，每类细胞都会令其一部分基因处于休眠状态，同时表达其他部分的基因。因此，同一个基因组会产生形态和作用不同的细胞。细胞使用的手法之一，就是将抑制或激活分子放置在基因上，就像挥舞小信号旗。根据信号分子的性质，可能是发生甲基化或乙酰化。通常，甲基化会导致基因失活，但是这种标记的作用，在很大程度上取决于生物类型、基因性质或信号分子数量！

各种现象都可能干预它，导致信号分子的产生或消除，尤其是营养不良、压力增加等环境因素。在多数情况下，信号分子在性细胞的形成、受精或胚胎早期分裂的过程中会清零。但有些基因面对这种重启，比其他基因更具抵抗力。此类基因的信号分子，会在接下来的几代中得以延续。

换言之，后天获得的性状是可以遗传的！因此，我们观察到压力之下的小白鼠，可以通过改变某些基因的表达水平，将其生理变化遗传给后代。在人类中也发现了一些案例，比如，当父母适应饥荒时，子女会表现出与父母相同的特征。

我们对这些所谓"表观遗传"现象尚不甚了解，但这些机制似乎丰富了我们对"经典"基因遗传的了解。有些人认为这是拉马克主义的复苏，他们认为拉马克主义被人们摒弃颇为不公。但是，这实际上并非拉马克式的进化论：一方面，这种遗传是可逆的，并且似乎仅在短期内发挥作用；另一方面，遗传的性状不一定对后代有利。这种机制更像是随机突变，并会通过自然选择进行筛选。

受环境压力的影响，表观遗传的改变也可能影响DNA突变的速率。不利条件会降低DNA修复自身复制错误的能力，从而容易发生突变，这些突变通常是消极的，但偶尔也是有用的。同样，即使环境在影响基因，但也只是通过增加可变性，而不会导致它们直接适应新条件。我们仍处于达尔文提出的"变异—选择"模式中。表观遗传使人们放弃了基因组决定一切的看法，并转而偏向概率论，其中环境和随机的过程发挥着重要作用。

　　某些生物学家，如让·雅克·库皮克认为，即使是胚胎，在细胞分裂过程中也会发生自然选择。这里的细胞并非执行既定的"基因程序"以按计划构建胚胎，而是以基因的随机表达为基础，产生出各种 RNA 和蛋白质。然后，通过选择实施干预，导致生成某些细胞系，同时消除其他细胞系，直到出现稳定的胚胎结构。这种将物种进化应用于个体的新概念，被称为"个体系统发育"。

🖐 我们身上残存的尼安德特人基因

　　就像表观遗传机制一样，研究人员对其他特殊的遗传形式越发感兴趣，例如基因的转移。杂交也是如此，即两个物种之间通过繁殖带来中间形态。杂交在植物界十分普遍，但很少有针对动物杂交的研究，可能因为杂交似乎只会带来极其有限的进化形态。

例如，在洞穴壁画中看到的欧洲野牛一直生活在东欧，这一物种是草原野牛（已灭绝物种）与原牛（如今奶牛的祖先）彼此杂交的产物。根据 DNA 分析，此类杂交事件可能发生在 12 万年前。就像基因平行转移一样，杂交不会进入进化的"树状"模型，因为杂交得来的新物种来自两个现有物种的结合。即使意义不大，但这却令我们十分感兴趣，因为，在我们人类的形成过程中，似乎也发生过杂交。

如今，我们确实有可能获得史前人类的基因。位于莱比锡的马克斯·普朗克进化人类学研究所的研究员，已成功地对近 40 万年前的 DNA 片段进行测序。尼安德特人的基因一度受到特别关注。这种史前人类

**Demain,
le darwinisme**

雌性原牛
（玛丽-塔加洞穴）

草原野牛
（拉斯科洞穴）

欧洲野牛
（佩尔古塞特洞穴）

欧洲野牛是草原野牛与原牛彼此杂交的产物

是人类家族的一个分支，在50万至80万年前，尼安德特人从非洲人类的共同祖先中分离出来。他们离开了非洲，定居在欧洲与中亚地区，其进化过程独立于其他人类，其中就包括生活在非洲和亚洲其他地区的直立人。

从尼安德特人骨骼中提取的DNA与我们人类DNA的比较证明，人类基因组中有部分源自尼安德特人，平均占2%—4%，而且仅非洲人群除外。研究人员认为，欧洲的尼安德特人和来自非洲的智人在5万至10万年前发生了杂交。由于我们并非都有相同的尼安德特人基因，因此存在于当今人类中的所有基因，构成了尼安德特人原始基因组的20%以上。

进一步分析表明，在人类基因组中，有些尼安德特人基因系统性缺失，而其他基因组则往往存在。因此可以推测，有用的基因被保存了下来，其他基因则通过自然选择被淘汰。因此，在现存最具代表性的基因中，一些参与了角蛋白的合成，角蛋白是构成人类皮肤和毛发所必需的蛋白质。其他基因则在免疫系统中发挥作用，就像是为帮助现代人类在最初抵达欧洲时抵抗当地的病原体或寄生虫。然而，这些古老的基因不仅是一种优势，由于它们与肥胖和皮肤病相关，因此这些基因的存在可能也是要付出代价的。

相反，罕有尼安德特人基因在睾丸中得到表达，在 X 染色体上亦是如此（X 染色体是区分性别的染色体，因为女性有两条 X 染色体，男性则只有一条 X 染色体，并伴有一条 Y 染色体）。尼安德特人和智人的杂交物种繁殖能力可能较低，这多半解释了为什么几乎没有发现半尼安德特人、半智人的过渡物种骨骼。尽管这种杂交关系很少见且杂交物种繁殖能力低下，但足以让我们的祖先拥有尼安德特人的基因，因为他

> 人们常断言说，永远不可能知道人类的起源，但是无知往往比知识更令人产生自信。
> ——查尔斯·达尔文，1871 年

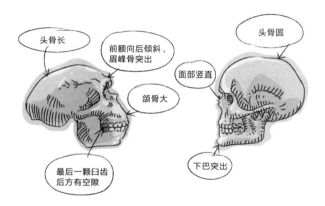

尼安德特人的头骨（左）和现代智人的头骨（右）

们在阳光比非洲弱得多的不同环境中进化了数十万年。

　　某些现代人，例如，来自美拉尼西亚或澳大利亚的人具有其他祖先——丹尼索瓦人——的基因。这是另一群生活在尼安德特人同时代的原始人。我们只发现了少量丹尼索瓦人的骨骼碎片，但可以确定的是，丹尼索瓦人的 DNA 与尼安德特人（还有我们人类的）截然不同。丹尼索瓦人 DNA 中的一种特殊基因仍存在于中国藏族人体内，这种基因可能在适应高海拔环境中发挥了作用。

夏娃基因

　　人类自身的起源让我们十分感兴趣，此外还有另一个领域也是许多研究的主题：原始真核细胞即复杂的动物或植物细胞的起源，真核细胞的 DNA 在细胞核中。

尽管那时的远古世界上仅存在原核微生物，它们与如今的细菌类似，但其中一些原核生物似乎存在非常特殊的共生关系，即一些原核生物生活在另一些原核生物体内。实际上，我们人类的细胞中包含"线粒体"，这种小香肠形状的结构（其长度为千分之一毫米）在细胞的能量产生过程中起着至关重要的作用。线粒体含有少量DNA，其基因与细菌的基因相似。因此，现已推断出动植物细胞来自不同细胞的共生，包括细菌或古生菌。

线粒体对进化的研究还有另一层意义。因为，卵细胞中含有线粒体，线粒体中的基因只会从母亲传给女儿，在受精过程中，精子几乎总是会失去线粒体。这是独特的、只针对女性的遗传方式。所有人类的线粒体DNA似乎都来自约15万年前的同一位祖先，她被称为线粒体夏娃（尽管她不一定是所有现代人的祖先：

基因谱系并非由个体基因绘制而成）！

🦀 人类的进化轨迹

　　在对特定遗传方式进行研究的同时，生物学家也利用技术的进步对上千人的基因组进行测序，以便逐个基因、逐个核苷酸地进行比较。通过对所有 DNA 突变的细致检测，人们能够发现自然选择对人类基因产生的关键影响及发生时间，包括疾病抗性或营养等。

　　人类的进化是新能力与继承祖先结构之间的妥协。因此，背疼也许是人类文明的不幸，但在 3.5 亿年的四足动物进化史之后，背疼对源自几百万年前的两足动物来说可能是无法避免的问题（可能马和老虎也会背疼）。人类新的身体结构伴随着骨盆的变化，骨盆成了支撑人类所有腹部器官的结构，但骨盆的形状还受到其他因素的影响。事实上，智人的大脑和头骨比直立人大得多。由此产生了两个间接结果：婴儿的头难以通过盆骨，导致母亲的分娩更加危险，同时，早产儿在出生时较小，分娩的危险降低，但与早产有关的风险却更高。人类骨盆的进化始于智人的出现（约15万年前），但并未就此停止。实际上，生物学家发现了"不久"前（约2000年前）与骨盆大小有关的自然选择的线索！

随着颌骨尺寸的缩小，智人最初的智齿可能也承受了强大的选择压力，因为智齿在无法正常生长时很可能会引起严重的脓肿。通过自然选择，许多现代人没了智齿。但是，进化并没有理由令智齿完全消失，因为牙医的技术已大幅降低与智齿有关的风险。自然选择在人类身高上也发挥了重要作用，导致居住在温暖潮湿森林的人口身高降低，在环境恶劣、食物相对匮乏的北极地区则正相反。反之，过去几十年全球人口平均身高的增加主要与饮食和行为变化有关，尽管由于新生儿成活率升高，自然选择似乎仍在发挥作用。

人类的营养也受到进化的影响。我们的祖先——直立人在40万年前就已开始烹饪食物，那时智人还远未出现！人类的进化得益于至少是部分煮熟的食物，从而更易消化，也更加营养。同样，大约在1万年前，人类的饮食结构逐渐转变为富含淀粉的农耕作物，与人类的进化相比，这个时间十分短暂。但人类已经经历了对这种新饮食结构进行适应的开端，例如把淀粉变得更容易消化。因此，通过对比现代人类基因组与史前人类骨骼中保存的DNA，发现了人类祖先在改变饮食结构时所经历的进化压力。

同样，参与乳糖代谢的基因也发生了一些改变。乳糖是奶中含有的主要糖类。这些基因对新生儿而言至关重要：奶水是新生儿唯一的食物。在大多数哺乳动物中，断奶后的成年动物不再表达这些基因。但在1万年前，随着畜牧业的发展，牛、山羊或绵羊奶成为人类饮食中的重要组成部分。对人类基因组的分析表明，在该时期，自然选择在维持与奶水消化有关的基因活性上发挥了重要作用。如今，有一半的人仍能在成年后消化乳糖。

人类祖先的新田园生活还带来了其他后果，例如，与人口聚集有关的传染病曾在村落盛行且呈上升趋势。人类基因组保留了这些事件的记忆，同时，与免疫相关的基因也发生了改变。这是人类文化对基因产生影响的典型案例。

🐚 迈向进化医学

进化医学始于20世纪末，最早出现在英语国家。直到2016年，法国才创立专门的大学专业，用来研究人类进化史的医学意义。在医学领域，进化医学专业仍常常被忽略，在对疾病的理解和治疗上，进化医学提出将人类进化的影响纳入研究范畴。

人类的诞生和生存几乎全部基于狩猎和采集来的食物，食物的质量和数量不尽相同，富足时期和饥荒时期相继存在。肥胖和糖尿病等现代流行病常被归因于人类以脂肪为存储食物的方式，这估计能帮助我们度过被迫禁食的时期。当食物不断变得过剩时，人类祖先的宝贵技能便成为严重的缺陷。如今，环境变化比人类的进化快得多：我们的身体对大量的糖分毫无防备，对二手烟也是如此！

对我们认为是"正常"的寿命，也存在人类进化史的影响。最初，自然选择针对的因素更倾向于繁殖，而不是个体的生存。在过了为人父母的年龄之后，我们没有理由"按计划继续活下去"！对人类基因繁殖有用，不一定对个人有利。

进化医学的另一个重要研究领域是细菌如何对抗生素产生抗药性。抗生素在医院、家庭和农场中被大量使用，从而导致耐药菌株取代了敏感菌株。这个问题并不新鲜：在第二次世界大战期间，仅两年就出现了青霉素抗药性的迹象。

还有其他研究方向可能会引起人们的兴趣。根据肿瘤出现的普遍模式，突变细胞比相邻细胞更具优势，因为突变细胞可以无限分裂。由此形成的细胞群开始侵占周边的资源，例如血管中的营养或氧气。在这些细胞中又出现新的突变，使它们能够将体内循环和营养变成为己所用。这是典型的进化过程，包括随机突变和自然选择。因此，我们可以将肿瘤看成一个生态系统，其中多类变异细胞群相互竞争，以获取食物。

这种观念可能会影响癌症的治疗。因为，化疗能够消除部分癌细胞，但幸存下来的癌细胞可以顺利繁殖，就像抗生素作用下的耐药菌一样。有的医生提出了"适应性疗法"，即通过持续时间较短、剂量较小的化疗来稳定肿瘤。这样，敏感细胞未被消除，并能保持足够数量与耐药细胞继续竞争。肿瘤不会消失，但会稳定下来，同时化疗继续有效。

同时，还发展出了进化心理学。进化心理学的一个研究领域就是，在人类祖先适应与现代截然不同的环境过程中，寻找人类行为的起源。研究人员正试图将人类进化史与困扰人类物种的主要精神疾病联系起来。另外，还有针对信仰领域的探索，提出的假设包括：信仰是人脑对特定需求的直接反应，或是其他认知适应的间接结果。就像生物学一样，人类大脑功能中的某些性状通过自然选择得以形成，但其他性状可能只是对现实产生适应的副产品。我们的认知能力，可能随着社会群体的规模和人际关系的重要性增加而获得提升，但没有什么会让我们的大脑生来就会下象棋或构建量子物理学！因此，学习阅读需要占用原本具有其他功能的大脑结构。在此情况下，阅读对个人的意义，似乎与面部识别能力的下降有关！因此，这就像恐龙的羽毛一样，是扩展适应的一种形式，但它其实源自文化因素，而非生物因素。

🐾 达尔文主义的延伸

达尔文模式十分简单，即随机修改并选择其中适应性最强的，这也使其成了许多研究领域的实用工具，从经济学、数学到机器人学。因此，只需应用所谓进化算法，原理很简单：收集各种因素，并从中选出对指定任务执行效果最好的因素，再以此为基础建立新种群，例如，通过随机修改选中的因素，重复进行测试和筛选的循环。这个过程简单、自动且高效！

　　该想法被应用于让达尔文感兴趣的领域——生命的起源，但他当时未能让自己的直觉更进一步。严格地说，这并非生物进化，因为生命只是生物进化过程的结果。研究人员从生命必需的有机分子开始，但这些分子最开始无法自我组织和繁殖。这项研究的主要问题之一是 DNA 属于复杂分子，其合成需要其他分子（蛋白质）的参与。但细胞需要通过 DNA 携带的信息才能构建蛋白质。这是一个"鸡生蛋，蛋生鸡"的经典问题！然而，在介于化学界和活细胞界之间的某种过渡性"RNA界"中，像RNA（与DNA接近，而且在细胞里十分活跃）这样的分子就可以完成上述任务。因此，通过将达尔文的自然选择应用于益生元分子，得到了预示着出现生命的系统。通过这样一套程序所获得的结果，显然无法令我们确切知道35亿年至40亿年前生命诞生时所发生的情况，但可以使我们窥见该现象发生在宇宙其他地方的可能性！

达尔文主义经过"进化论"阶段，现在已进入"超级进化论"阶段，其中新领域发挥着重要作用，例如发育生物学或表观遗传机制，甚至是非遗传领域，例如行为的文化传播（当然，这是针对人类而言，但也包括了许多动物）。生物学家所称的"广义进化论"为生物学内的所有学科以及其他许多领域提供了极为丰富的内容框架。

Épilogue

后　　记

　　生活在南太平洋弗雷里安纳岛的嘲鸫，是达尔文在加拉帕戈斯群岛观察到的 3 种嘲鸫之一，这种鸟类现在仅存几百只，濒临灭绝。而另外两个嘲鸫物种早已灭绝，原因是船只将老鼠带上了岸，导致嘲鸫变成这种"非自愿引入"物种的受害者。由于栖息地被破坏、人类社会产生的有毒肥料、渔猎活动或气候变化等因素，全球每年有数千个物种消失，这些鸟不过是其中微不足道的一部分。

　　35 亿年的进化，带来了如今（暂时）非同寻常的生物多样性。人们无法想象接下来还应持续数十亿年的进化之旅还会发生什么，直到太阳耗尽所有能量并最终膨胀时吞噬我们的地球。但短期内，我们人类物种（最后出现的物种之一）很可能会消灭大部分现存物种，并极大地干预进化过程。

　　这种大规模的灭绝不过是地球史上的第 6 次。最著名的显然是6500万年前的恐龙大灭绝。但最大规模的灭绝发生在2.52亿年前的二叠纪末，它导致近90%的海洋生物和大部分陆生动物灭绝。在这些大灭绝事件之后，动植物总会重新构建起来，进化机制让已灭绝的动植物被新物种替代。然而，我们可以直接观察到的进化通常十分微不足道。要研究进化过程中的重大事件，例如，陆生动物演变成适应海洋生活的物种，应以数百万甚至数千万年的时间来计算，在如此长的时间内，也能观察到智人的深入进化过程。

尽管我们人类的物种兼具韧性和适应性，能够幸免于我们自己引发的生物大灾难，但不能确定人类是否真正意识到了该地质年代和无法预测的进化路径，正如通过对查尔斯·达尔文研究工作的进一步扩展，我们如今所掌握的那样。实际上，要预测进化的发展方向是不可能的，对细菌、动物或我们人类来说都是如此。通过我们的过去，根本无法预测我们的未来！

短期来看，我们可以很容易地想象与环境有关的生理变化。自然选择继续在抵抗传染病、害虫或污染物等方面发挥作用，因为所有这些因素都能影响我们的寿命和生育能力。但我们的身体特征变化可能会比以前更缓慢，主要原因是新生儿死亡率大幅降低。性选择可能会继续通过配偶的选择来发挥作用，但其影响程度因社会而异。

但是在未来，特别是当下针对优生倾向建立的屏障一旦垮塌，其他因素可能会令人类发生深刻的改变。于是，人们有可能改变胚胎的基因组，使其符合父母或社会的意愿。单单是决定胚胎性别，就已在印度导致了灾难性的后果，在这样的国家，男性人口数量明显多于女性。毫无疑问，对即将出生的孩子进行基因设计会导致灾难性的后果。

　　通过帮助某些物种，消灭其他物种，破坏多数生态系统，通过驯化和利用来改造动植物，我们已在整个生命界中留下了人类的痕迹。无论后果如何，我们很快便会具备改变人类自身进化过程的技术能力。

Biographie
de
Darwin

达尔文生平

1809年	2月12日，查尔斯·达尔文出生于英国什鲁斯伯里，是医生罗伯特·沃林·达尔文和苏珊娜·韦奇伍德之子。
1817年	达尔文的母亲去世。
1825年	进入爱丁堡大学学医，不久便放弃学医。
1828年	进入剑桥大学学习神学、昆虫学、植物学和地质学。
1831年	12月27日，他以博物学家身份登上"贝格尔号"，加入费茨罗伊舰长的航海之旅。
1836年	10月4日，"贝格尔号"返回普利茅斯港。查尔斯·达尔文开始编写他的发现。
1839年	查尔斯·达尔文与表姐艾玛·韦奇伍德结婚；《"贝格尔号"航海记》出版。
1842年	达尔文夫妇搬到伦敦附近的唐恩。达尔文的身体十分虚弱，他几乎不再出

	门。达尔文与许多博物学家通信，并出版了几本有关珊瑚礁、火山岛或蔓足纲动物（海洋甲壳类）的著作。
1858 年	达尔文和华莱士在林奈学会会刊上共同发表论文。
1859 年	《论依据自然选择即在生存斗争中保存优良族的物种起源》出版。
1862—1868 年	《不列颠与外国兰花经由昆虫授粉的各种手段》《攀缘植物的运动和习性》《动物和植物在家养下的变异》出版。
1871 年	《人类的由来及性选择》出版。
1874—1880 年	《人和动物的情感表达》《食虫植物》《植物界异花受精和自花受精的效果》《同种植物的不同花型》《植物运动的力量》出版。

1881年	《腐殖土的形成和蚯蚓的作用》出版。
1882年	4月19日，查尔斯·达尔文在唐恩逝世，被安葬于伦敦威斯敏斯特大教堂。

Bibliographie

参考书目

查尔斯·达尔文原著

Darwin, Charles. *Voyage d'un naturaliste autour du monde*. Paris: La Découverte Poches, 2006.

Darwin, Charles. *L'origine des espèces: Par le moyen de la sélection naturelle, ou la préservation des races favorisées dans la lutte pour la vie*. Paris: Honoré Champion, 2009.

Darwin, Charles. *La filiation de l'homme et la sélection liée au sexe*. Paris: Honoré Champion, 2013.

Darwin, Charles. *La formation de la terre végétale par l'action des vers*. Paris: Slatkine, 2016.

http://darwin-online.org.uk/

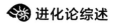 ## 进化论综述

Ameisen, Jean-Claude. *Dans la lumière et les ombres: Darwin et le bouleversement du monde*. Paris: Points Sciences, 2014.

De Panafieu, Jean-Baptiste, and Gries, Patrick. *évolution*. Paris: Xavier Barral, 2011.

Giraud, Marc. *Darwin, C'est tout bête!*. Paris: Robert Laffont, 2009.

Gould, Stephen Jay. *L'éventail du vivant*. Paris: Seuil, 2001.

Kupiec, Jean-Jacques. *L'ontophylogénèse: évolution des espèces et développement de l'individu*. Paris: Quae, 2012.

Laland, Kevin, *et al*. " Does evolutionary theory need a rethink? " *Nature* 514, no.7521 (2014): 161-164.

Lecointre, Guillaume, and Le Guyader, Hervé. *La classification phylogénétique du vivant*. Paris: Belin, 2016.

Lecointre, Guillaume. *Descendons-nous de Darwin?* Paris: Le Pommier, 2015.

" L'hérédité sans gènes." *Dossier Pour La Science* 81 (Octobre-décembre 2013).

Miska, Eric A., and Ferguson-Smith, Anne. " Transgenerational inheritance: Models and mechanisms of non-DNA sequence-based inheritance." *Science* 354, no.6308 (2016): 59-63.

Ricqlès, Armand de. " Quelques apports à la théorie de l'Évolution, de la ' Synthèse orthodoxe' à la ' Super synthèse évodévo' 1970-2009: un point de vue." *Comptes rendus palevol* 8 (2009): 341.

🐾 进化论实例

Cook, Laurence M., *et al*. " Selective bird predation on the peppered moth: the last experiment of Michael Majerus." *Biol Lett* 8 (2012): 609-612. *(sur la phalène du bouleau)*

Goldschmidt, Tijs. *Le vivier de Darwin: Un drame dans le lac Victoria.* Paris: Seuil Science Ouverte, 2003. *(sur les cichlidés du lac Victoria)*

Grant, Peter R., and Grant, B. Rosemary. *40 Years of Evolution: Darwin's Finches on Daphne Major Island*. Princeton: Princeton University Press, 2014. *(sur les pinsons de Darwin)*

Herrel, Anthony, *et al*. " Rapid large-scale

evolutionary divergence in morphology and performance associated with exploitation of a different dietary resource. " *PNAS* 105, no. 12 (2008): 4792-4795. *(sur les lézards Podarcis)*

L'Héritier P., Neefs Y., and Teissier G. " Aptérisme des Insectes et sélection naturelle. " *C. R. Acad. Sc.* 204 (1937): 907-909. *(sur les drosophiles)*

Labbé, Pierrick. *et al.* " Forty Years of Erratic Insecticide Resistance Evolution in the Mosquito Culex pipiens. " *PLoS Genet* 3, no. 11 (2007): 205. *(sur les moustiques)*

McGowen, Michael R., Gatesy, John, and Wildman, D. E.. " Molecular evolution tracks macroevolutionary transitions in Cetacea. " *Trends Ecol Evol* 29, no. 6 (2014): 336-346. *(sur les cétacés)*

Moran, Nancy A., and Jarvik, Tyler. " Lateral transfer of genes from fungi underlies carotenoid production in aphids. " *Science* 328, no.5978 (2010):624-627. *(sur les pucerons)*

Sinervo, Barry. " Evodevo: Darwin's finch beaks, Bmp4, and the developmental origins of novelty. " *Heredity* 94 (2005): 141-142.*(sur les pinsons de Darwin)*

Soubrier, Julien, *et al*. " Early cave art and ancient DNA record the origin of European bison. " *Nature Communications* 7, no.13158 (2016). *(sur les bisons et les aurochs)*

Stuart, Y. E., *et al*. " Rapid evolution of a native species following invasion by a congener. " *Science* 346, no. 6208 (2014): 463-466. *(sur les lézards Anolis)*

Van't Hof, Arjen E., *et al*. " The industrial melanism mutation in British peppered moths is a transposable element. " *Nature* 534, no.7605 (2016): 102-105. *(sur la phalène du bouleau)*

🦀 人类进化

Dehaene, Stanislas, *et al*. " How learning to read changes the cortical networks for vision and language. " *Science* 330, no.6009 (2010): 1359-1364.

Fan, Shaohua, *et al*. " Going global by adapting local: a review of recent human adaptation. " *Science* 354, no.6308 (2016): 54-59.

Field, Yair, *et al*. " Detection of human adaptation during the past 2000 years. " *Science* 354, no.6313 (2016): 760-764.

Lecointre, Guillaume. " L'humain ou la sélection à tous les étages. " *Espèces* 22 (décembre 2016).

Purzycki, Benjamin Grant, *et al*. " Moralistic gods, supernatural punishment and the expansion of human sociality. " *Nature* 530,no.7590 (2016): 327-330.

Raymond, Michel. *Cro-Magnon toi-même: Petit guide darwinien de la vie quotidienne*. Paris: Seuil, 2008.

Sankararaman, Sriram, *et al*. " The genomic landscape of Neanderthal ancestry in present-day humans. " *Nature* 507, no.7492 (2014): 354-357.

🐚 进化医学

Merlo, Lauren M. F., *et al*. " Cancer as an evolutionary and ecological process. " *Nature Reviews Cancer* 6, no.12 (2006): 924-935.

Willyard, Cassandra. " Cancer therapy: an evolved approach. " *Nature* 532, no.7598 (2016): 166-168.

Perino, Luc. *Pour une médecine évolutionniste: Une nouvelle vision de la santé*. Paris: Seuil, 2017.

🐚 进化论与社会

Brosseau, Olivier, and Baudoin, Cyrille. *Enquête sur les créationnismes : réseaux, stratégies et objectifs politiques*. Paris: Belin, 2013.

Fortin, Corinne. *L'évolution à l'école : créationnisme contre darwinisme?* Paris: Armand Colin, 2009.

Miller, Jon D., *et al*. " Public Acceptance of Evolution. " *Science* 313, no.5788 (2006): 765-766.

http://www.gallup.com/poll/170822/believe-creationist-viewhuman-origins.aspx

图书在版编目(CIP)数据

口袋里的进化论：从自然之谜到基因未来 / (法)
让－巴普蒂斯特·德·帕纳菲厄著；刘昱，王龙丹，邢路
达译 . —— 太原：山西教育出版社，2022.4

ISBN 978-7-5703-2139-1

Ⅰ . ①口… Ⅱ . ①让… ②刘… ③王… ④邢… Ⅲ .
①进化论—普及读物 Ⅳ . ① Q111-49

中国版本图书馆 CIP 数据核字 (2021) 第 267828 号

Darwin à la plage. L'évolution dans un transat
by Jean-Baptiste DE PANAFIEU
© DUNOD Editeur, Malakoff, 2017
Simplified Chinese language translation rights arranged through Divas International, Paris
巴黎迪法国际版权代理(www.divas-books.com)
All rights reserved.

口袋里的进化论：从自然之谜到基因未来

[法] 让－巴普蒂斯特·德·帕纳菲厄/著

刘　昱　王龙丹　邢路达/译

出 版 人	李　飞	
责任编辑	朱　旭	
特约编辑	王　微	
复　　审	姚吉祥	
终　　审	李梦燕	
装帧设计	赤　祥	

出版发行　山西出版传媒集团·山西教育出版社
　　　　　(地址：太原市水西门街馒头巷7号　电话：0351-4729801　邮编：030002)

印　　刷	山东新华印务有限公司
开　　本	787 mm × 1092 mm　32开
印　　张	7.25
字　　数	80千
版　　次	2022年4月第1版　2022年4月第1次印刷
书　　号	ISBN 978-7-5703-2139-1
定　　价	58.00元

如有印装质量问题，影响阅读，请与印刷厂联系调换。电话：0534-2671218。